À Denis,

La trace des mots
qui prolonge le souvenir...

Bonne lecture!

L. Saucier

GÉRARD SAUCIER

SUR LES TRACES D'UN BÂTISSEUR EN ABITIBI

PRESSES DE L'UNIVERSITÉ DU QUÉBEC
2875, boul. Laurier, Sainte-Foy (Québec) G1V 2M3
Téléphone : (418) 657-4399
Télécopieur : (418) 657-2096
Catalogue sur Internet : http://www.uquebec.ca/puq/puq.html

Distribution :

DISTRIBUTION DE LIVRES UNIVERS S.E.N.C.
845, rue Marie-Victorin, Saint-Nicolas (Québec) G0S 3L0
Téléphone : (418) 831-7474 / 1-800-859-7474
Télécopieur : (418) 831-4021

Distribution en Abitibi-Témiscamingue :

FONDATION DE L'UNIVERSITÉ DU QUÉBEC EN ABITIBI-TÉMISCAMINGUE
445, boulevard de l'Université
Rouyn-Noranda (Québec) J9X 5E4
Téléphone : (819) 762-0971
Télécopieur : (819) 797-4727
Internet : http://www.uqat.uquebec.ca/

GÉRARD SAUCIER

SUR LES TRACES D'UN BÂTISSEUR EN ABITIBI

PIERRE SAUCIER

avec la collaboration de Claude Bédard-Claret

Presses de l'Université du Québec

Données de catalogage avant publication (Canada)

Saucier, Pierre

Gérard Saucier : sur les traces d'un bâtisseur en Abitibi

Comprend des réf. bibliogr.

ISBN 2-7605-0905-2 (br.) ISBN 2-7605-0937-0 (rel.)

1. Saucier, Gérard. 2. Forêts – Exploitation – Québec (Province) – Abitibi (Région) – Histoire. 3. Scieries – Québec (Province) – Abitibi (Région) – Histoire. 4. Abitibi (Québec : Région) – Histoire. 5. Exploitants forestiers – Québec (Province) – Abitibi (Région) – Biographies. I. Bédard-Claret, Claude, 1939- . II. Titre.

HD9764.C32S28 1996 634.9'8'092 C96-941214-2

Révision linguistique : CLAUDE BOUCHARD
ODILE GERMAIN

Mise en pages : CARACTÉRA INC.

Conception graphique : GILLES ROBERT

Réalisation graphique : PRESSES DE L'UNIVERSITÉ DU QUÉBEC

Consultant : ÉDUCOV INC.

1 2 3 4 5 6 7 8 9 PUQ 1996 9 8 7 6 5 4 3 2 **1**

Dépôt légal – 4e trimestre 1996
Bibliothèque nationale du Québec / Bibliothèque nationale du Canada
Imprimé au Canada

Affectueusement dédié
à ma femme Doris,
à nos enfants,
Pierre-Antoine, Jean-Philippe
et Charles-Étienne
qui auraient tellement aimé
connaître leur grand-père.

Si cette histoire n'est rien, elle appartient à celui qui l'a racontée.
Si elle est quelque chose, elle nous appartient à tous.

Ernst Bloch

Avertissement

Ce livre constitue une « histoire de vie ». Il s'alimente à des sources fiables, le plus souvent orales. Quelques faits n'ont pu être corroborés par plusieurs sources. Le texte reflète souvent des certitudes, mais aussi parfois des incertitudes.

Le récit est le reflet de points de vue d'acteurs ou de témoins qui ont été mêlés à cette histoire. Il a fallu écrire avec ces limites, qui sont celles de la vie elle-même. Les analyses et les interprétations sont donc personnelles et subjectives. Elles n'engagent que l'auteur.

Préface

J'ai eu l'occasion de rencontrer et de connaître Gérard Saucier au début des années 1950, grâce à l'entrepreneur forestier Jean-Baptiste Lebel. On ne peut certainement pas se rappeler les succès en affaires de Gérard Saucier sans le relier à Jean-Baptiste Lebel.

C'était à l'époque de la terre promise que représentait alors l'Abitibi, avec ses resplendissantes ressources forestières. Cette région alimentait en abondance, par chemin de fer ou par flottage, les usines de pâtes et papiers du sud du Québec. Les cordes de bois de pulpe étaient acheminées par centaines de milliers vers le Saint-Laurent, en Mauricie et sur la Côte-Nord.

Si Jean-Baptiste Lebel livre alors la marchandise, comme on dit aujourd'hui, c'est grâce à des hommes dynamiques et fiers, tel Gérard Saucier.

Outre le bois de pulpe, coupé et expédié, l'Abitibi produit déjà du bois d'œuvre préparé sur place, par les scieries locales et artisanales. Car la construction domiciliaire et commerciale a connu dans cette région, après la Seconde Guerre, un essor remarquable, et les scieries seront modernisées au début des années 1960 pour répondre à la demande.

C'est là qu'intervient un homme de la trempe de Gérard Saucier. Ce pionnier modernise des opérations telles que l'abattage, le transport des billots de bois d'œuvre ainsi que le sciage et la vente des produits. Nul mieux que lui ne sait inventer et ouvrir instinctivement la voie en matière d'administration, de gestion et de mise en marché.

Gérard Saucier sait garantir à des centaines d'hommes un revenu décent et supérieur à celui de la moyenne. Il se fait un point d'honneur de leur offrir confort et sécurité. Le « boss » Gérard Saucier tient à connaître ses employés un à un. Il n'hésite pas à les aider personnellement dès qu'ils témoignent bonne foi et ardeur au travail.

Comme ministre des Terres et Forêts dans les années 1960, j'ai personnellement eu à fournir à toutes les entreprises forestières les ressources suffisantes pour assurer et garantir leur rentabilité à long terme. Cette rentabilité dépendait également de facteurs comme la compétence, l'expérience, la collaboration du personnel et la mise en marché. Je peux témoigner que Gérard Saucier possédait à un haut degré toutes les qualités nécessaires à la réussite. Je tiens à souligner, entre autres, un sens spécialement aigu des valeurs individuelles, ce qu'il a manifesté lors du choix de son associé, Vianney Barrette, et de tout le personnel compétent qui le secondait.

Gérard Saucier admirait aussi le savoir-faire de Jean-Baptiste Lebel et a eu la sagesse de s'en inspirer, aussi bien dans les relations quotidiennes avec son monde que pour la réalisation de ses grands projets.

Son départ précipité fut évidemment une lourde perte tant pour sa famille et ses amis que pour la collectivité tout entière.

C'est pourquoi je suis honoré de participer à la réalisation de ce livre, et je vous invite à lire la biographie de ce concitoyen ami, relatée par son fils Pierre, qui démontre autant de maturité, d'énergie et de sagesse que son père.

Lucien Cliche

Remerciements

Toute ma gratitude à ceux et celles qui m'ont si généreusement et spontanément accordé des entrevues, notamment :

les membres de la famille Saucier :
Gabrielle, Hermel, Jean-Claude, Jean-Louis, Jean-Paul, Marie-Mai, Marie-Rose et Médard.

mes frères et sœurs :
Guylaine, Céline, Sylvie, Richard et Jean.

ma mère, qui a tenu à me fournir une précieuse documentation – souvent très personnelle.

Vianney Allard, Yves Barrette, Paul Boudreau, Serge Boulay, Tom Bourdages, Lucien Brousseau, Gérald Charette, Lucien et Nicole Chassé, François Chénard, Lucien Cliche, Gérald Coulombe, Marcel Deschambault, Charles-Auguste Dion, Guy G. Dufresne, Léo Gagnon, Ghislain et Micheline Gauthier, Michel Germain, Michel Gilbert, Gilbert Gonthier, André Hénault, Pierre Hugron, Robert E.

L'Abbé, Lorraine Landry, Luc Lebel, Maurice Leblond, Jean-Paul Lemarier, Wilfrid Marquis, André McNeil, Mance Mercier, Marc Mercier, Conrad Michaud, Stanley et Françoise Mongrain, Eddy Morin, Henri-Paul et Évelyne Morin, Robert Ouellet, Onil Ouellette, Georges Pagé, Michel Perron, Henri-Paul Plante, Gilbert Roy, Lionel Roy, Shawki Sabbagh, Oscar et Gisèle Soucy, Gonzagues et Nicole Vaillancourt.

Je tiens à remercier les personnes suivantes de leur aide. D'abord, Lise Billy, pour sa très précieuse collaboration. Ensuite, Claude Bédard-Claret pour son inestimable contribution à la recherche, à l'analyse et à la rédaction de cet ouvrage. Gilles Robert, pour la conception graphique et ses bons conseils.

Je remercie aussi Marcel Côté, Taïeb Hafsi et Laurent Lapierre de l'École des Hautes Études commerciales pour les commentaires et les suggestions qu'ils m'ont faits à partir de la lecture d'une première version de ce texte, ainsi que Jean-Pierre Brault pour sa compétence en matière financière.

Merci à Émile Bessette et Monique Lemieux qui ont bien voulu lire et commenter les deux premières parties, à Jean Gareau pour sa participation à la troisième partie.

Je remercie également tous les parents et amis qui m'ont aimablement prêté des photographies ainsi que le personnel des Archives nationales du Canada, des Archives nationales du Québec, de la Société d'histoire de Val-d'Or, de l'Association forestière de l'Abitibi-Témiscamingue, de l'Association des manufacturiers de bois de sciage du Québec, de Transport Canada, ainsi que ceux des autres organismes, institutions et entreprises qui ont répondu à mes demandes d'information.

Table des matières

Introduction

L'idée de raconter la vie de Gérard Saucier, mon père, hantait mon esprit depuis fort longtemps. Ce projet, à vrai dire, j'y songeais depuis sa mort tragique, le 4 septembre 1975. J'en différais sans cesse l'échéance, prétextant le manque de temps pour en effectuer la réalisation, pourtant si importante à mes yeux.

Si j'ai été si long à passer aux actes, c'est peut-être que cela répondait chez moi à une nécessité. Encore fallait-il prendre du recul face au drame de la disparition de mon père, mais aussi face à ce qu'a représenté pour moi la vente de l'entreprise qu'il nous avait léguée, à nous ses six enfants.

Un jour de l'automne 1990, Pierre-Antoine, mon fils aîné, alors âgé de six ans, me dit :

– Raconte-moi des histoires sur ton papa.

– Quel genre d'histoires ?

– Des histoires sur sa vie, fit-il le plus simplement du monde, à la manière naturelle des enfants.

Alors j'ai compris que je devais m'y attaquer : je ne pouvais plus le remettre à plus tard. Deux autres années pourtant devaient s'écouler encore avant que je ne commence la rédaction de ce livre.

J'ai d'abord sondé ma mémoire, puis interrogé celle des gens qui avaient vécu la fatale journée du 4 septembre 1975. Je voulais aussi savoir par quel hasard mon père avait vu le jour au Nouveau-Brunswick plutôt qu'ailleurs ! Cela devait m'emmener du côté de nos ancêtres et même de l'histoire de notre pays.

Puis j'ai littéralement poursuivi mon père, de Baker Brook à Dubuisson, en Abitibi ; de l'adolescence à l'âge d'homme, en passant par la crise des années 1930 et la dernière guerre. Je l'ai retrouvé en forêt, en train d'apprendre son métier d'entrepreneur après avoir été bûcheron. Avec l'usine de bois de sciage, en 1966, il réalisait son rêve. Véritable leader, il fit de son entreprise l'œuvre de sa vie. J'ai eu le sentiment de suivre fidèlement sa trace : je marchais derrière lui.

À mesure que je découvrais les grandes lignes de sa vie, je voyais le progrès de son entreprise qui devenait le centre, l'idéal même de notre famille. Aussi, dès que j'ai voulu en parler, je me suis retrouvé en quelque sorte plongé dans ma propre vie. Je ne pouvais raconter l'histoire de l'entreprise léguée par mon père sans évoquer ce que j'y avais moi-même vécu : je me trouvais partie prenante.

Nous sommes six enfants et après le décès de mon père, chacun de nous a vécu à sa manière le processus de transmission du patrimoine. Sans m'arroger le droit de parler au nom de tous, je tente de rapporter le plus fidèlement possible les souvenirs et les propos qui m'ont été transmis.

Mon témoignage est empreint de subjectivité, par la force des choses. Étant celui qui prend ici la parole, c'est ma propre version des faits que je présente, et cela sous ma seule responsabilité.

Si cette biographie est avant tout un hommage à mon père, l'être humain, elle est aussi un témoignage de gratitude à ceux et celles qui ont contribué au succès de son œuvre de leader et tout particulièrement ma mère, Yvette Thiffault, sa collaboratrice de toujours.

Puissent aussi mes fils – Pierre-Antoine, Jean-Philippe et Charles-Étienne – trouver dans ce livre un guide qui saura les inspirer leur vie durant. Je vais jusqu'à espérer aussi que ce livre sera une source d'inspiration pour les jeunes et moins jeunes de ce temps ; dans le contexte économique et politique difficile que nous connaissons, qui ne cherche une lueur d'espoir, un modèle, un rêve à réaliser ?

1

PREMIÈRE PARTIE

La saga Saucier

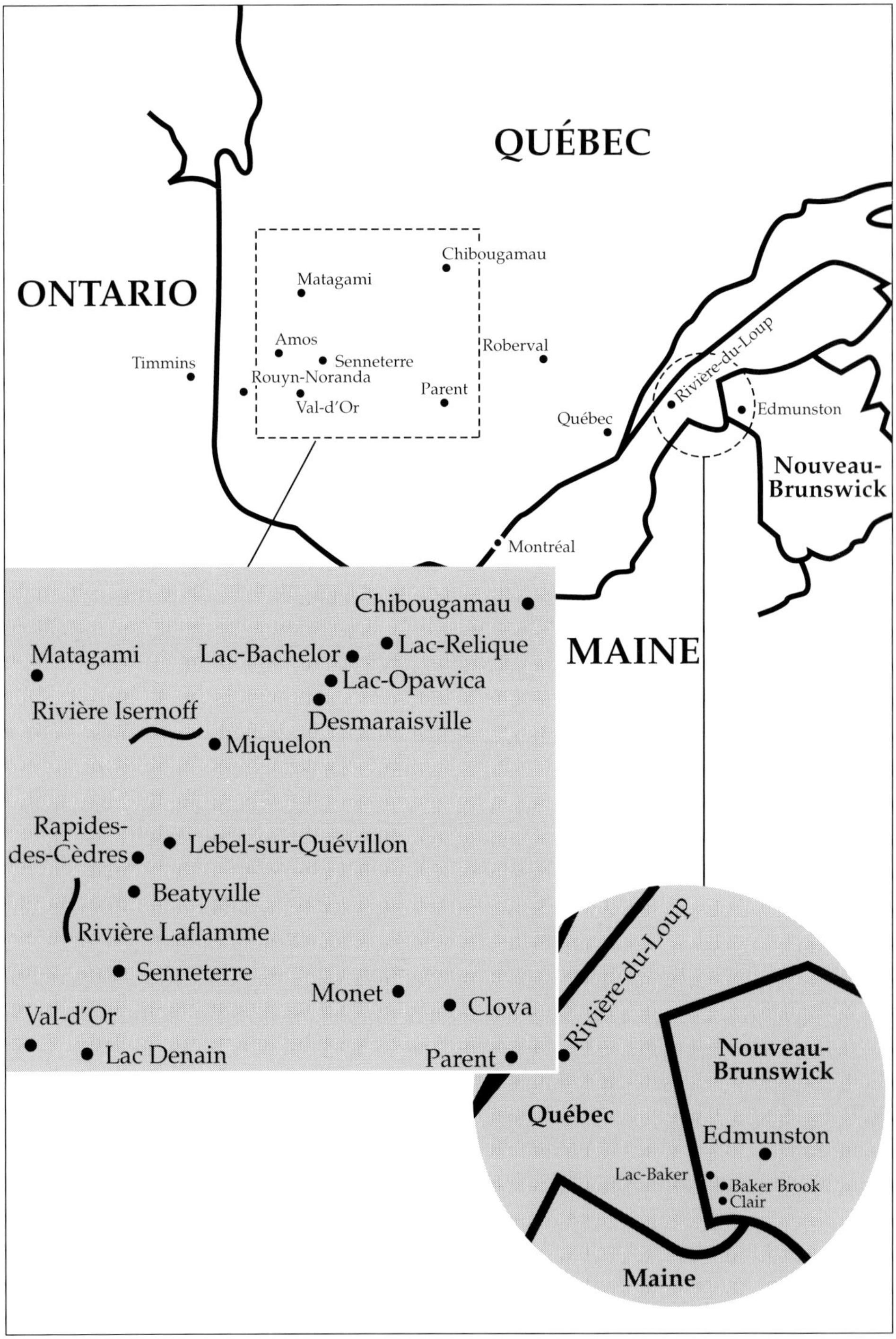
QUÉBEC
ONTARIO
Chibougamau
Matagami
Amos
Senneterre
Timmins
Rouyn-Noranda
Val-d'Or
Parent
Roberval
Québec
Rivière-du-Loup
Edmunston
Nouveau-Brunswick
Montréal
MAINE
Chibougamau
Lac-Relique
Matagami
Lac-Bachelor
Lac-Opawica
Desmaraisville
Rivière Isernoff
Miquelon
Rapides-des-Cèdres
Lebel-sur-Quévillon
Beatyville
Rivière Laflamme
Senneterre
Monet
Clova
Val-d'Or
Lac Denain
Parent
Rivière-du-Loup
Nouveau-Brunswick
Québec
Edmunston
Lac-Baker
Baker Brook
Clair
Maine

CHAPITRE

1

Le dernier départ pour Val-d'Or

Le 4 septembre 1975

Une journée bien ordinaire que ce jeudi 4 septembre 1975. Rien ne laisse supposer d'autre événement que la venue prochaine de l'automne qui arrive tôt dans cette région du Nord-Ouest québécois. On a l'habitude, on s'est organisé depuis longtemps pour faire face aux rigueurs du climat. À l'usine de sciage Saucier, dans le canton de Comtois, la vie laborieuse et calme suit son cours. Mais le froid n'est pas loin, le vent du nord ne trompe pas ; il y a même quelques bourrasques ce jour-là.

L'usine de sciage Saucier

C'est en 1966 que cet emplacement du complexe de sciage a été choisi pour la construction d'un moulin à scie à proximité à la fois de la forêt très belle à cet endroit et de la longue route provinciale qui relie la région au sud du Québec. Tout près aussi de l'usine papetière de la grande compagnie Domtar implantée en 1965 au sud du lac Quévillon. Pour les géologues et les pilotes d'avion, le complexe de sciage Saucier est situé à peu près à 50° de latitude Nord et à 78° de longitude Ouest.

Le canton de Comtois se trouve dans la partie nord du comté d'Abitibi-Est. La région appartient au bassin hydrographique de la baie d'Hudson, mais par endroits, ses limites est et sud se rapprochent de la ligne de partage des eaux, lesquelles hésitent entre le bassin de la baie d'Hudson au nord et celui de l'Atlantique au sud. Le toponyme d'origine amérindienne « Abitibi » signifie eaux du milieu ou eaux à mi-distance, ce qui décrit bien cette situation particulière.

La rivière Bell

La rivière Bell contourne le plan de l'usine Saucier au nord et à l'est. Après avoir permis le flottage du bois la première année, elle sert maintenant à l'amerrissage de l'hydravion. Terre de pionniers, riche de potentialités, le Nord-Ouest québécois est parfois difficile d'accès, surtout dans sa partie septentrionale. En Abitibi, l'efficacité passe souvent par l'avion, devenu au fil des ans un moyen de transport toujours plus pratique. Ses nombreux lacs et rivières constituent un réseau complexe tout à fait adapté pour accueillir ces grands oiseaux d'acier.

La longue rivière Bell tient son nom de Robert Bell qui, entre 1875 et 1902, a travaillé au relevé géologique du vaste territoire du Nouveau-Québec (autrefois l'Ungava) au service de la Commission géologique du Canada. Cette rivière est un cours d'eau important du nord du Québec. Elle prend sa source près de Val-d'Or dans les lacs Tiblemont et Pascalis. Elle alimente le lac Parent et, parsemée de nombreux rapides, s'avance à travers les plateaux abitibiens jusqu'au lac Matagami où elle rejoint la grande rivière Nottaway pour se jeter dans la baie James. Non loin du lac Quévillon, un peu à l'est, qui la rejoint par le rapide des Cèdres, la rivière Bell semble vouloir s'attarder en de nombreux méandres et petites baies avant de s'enfoncer plus au nord dans la forêt.

Le port d'attache de l'hydravion

Pour le complexe de sciage Saucier, la rivière Bell fait partie du décor et même de la vie. Tous les jours en prenant la petite route régionale, il faut traverser le pont qui l'enjambe. On pourrait même ajouter qu'à la manière d'un cordon ombilical, la rivière, via le rapide des Cèdres, rattache l'usine à la papetière Domtar. C'est aussi le port d'attache de l'hydravion de Gérard Saucier. On a l'habitude de voir décoller ou amerrir *Charlie Foxtrot Zulu November November,* le Cessna 185 CF-ZNN, qui permet au patron aussi bien qu'à ses employés de se déplacer rapidement et aussi souvent qu'il le faut.

Le patron Gérard Saucier

Dans son bureau, Gérard Saucier est au téléphone. C'est un homme d'affaires prospère qui jouit dans son milieu d'une grande considération. De taille moyenne, les cheveux bruns, la moustache étroite, les sourcils et les lunettes foncés, l'homme a cinquante-neuf ans. Énergique et solide, il n'a rien d'un colosse. Avec ses épaules un peu voûtées et son casque de chantier blanc presque en permanence sur la tête, il a l'air sérieux, un peu sévère même. Il affiche toujours un calme olympien ce qui convient bien à son charisme de leader.

Il lui reste en cet après-midi quelques problèmes à régler. Après une longue et apparemment pénible conversation avec un fonctionnaire de Québec, il s'apprête à communiquer avec un ami ingénieur forestier, consultant pour la compagnie.

Vers quatre heures trente il doit se rendre à Val-d'Or avec l'hydravion qu'il pilote lui-même depuis plus de sept ans. Il va décoller sur la rivière Bell en face de l'usine pour amerrir sur le lac Blouin près de Val-d'Or. Même si cette activité exige de lui une forte tension d'esprit et malgré les conseils de quelques-uns de ses proches, il aime piloter. Il a accumulé près de mille heures de vol et persiste à croire que voler est pour lui une détente. Pousser ses propres limites et se mesurer à la nature pour la dominer, pour vaincre sa résistance, voilà un défi qui lui plaît et qui convient à son tempérament. Il est fier de piloter son avion et il en retire une vive satisfaction.

Au programme en fin de semaine, il y aura quelques festivités pour son trentième anniversaire de mariage. Il a à peine le temps de s'arrêter pour y penser, pour se rappeler un peu le chemin parcouru depuis le 5 septembre 1945. Des années qui ont bien vite passé. A-t-il seulement le temps de se souvenir de la chapelle de bois du petit village de Parent où il épousait, avant de prendre le train pour Dubuisson, la jeune Yvette Thiffault… C'était aussi la fin de la guerre et l'année de son premier vrai contrat de *sous-jobber* avec Jean-Baptiste Lebel, ce grand *jobber* qui lui avait fait confiance.

Comme souvent, en cette fin d'après-midi, il va faire un tour du côté de la cuisine pour se détendre un moment; il en profitera pour rencontrer quelques employés. Une tasse de thé avec une galette, ça donne l'énergie voulue pour finir la journée. Il traverse la cour du moulin de ce pas lent et assuré qui le caractérise.

Sur son chemin il croise un ami au service de la compagnie, l'ingénieur Vianney Allard. Avec lui il cause de choses et d'autres, des problèmes liés à la vente des copeaux, de son voyage à Montréal avec Yvette pour leur anniversaire de mariage.

Du côté de la cuisine, Stanley Mongrain, accompagné de sa femme Françoise, s'affaire à ses fourneaux pour la préparation du souper: près de trois cents personnes à servir. Les hommes rentreront bientôt de la forêt et pour eux les repas de Stanley, c'est la récompense de la journée. La cuisine, c'est aussi une tradition chez Gérard Saucier. Des employés bien nourris sont des employés heureux et le réfectoire est un lieu de rencontre apprécié.

Ayant salué tout son monde, Gérard Saucier quitte les lieux et retourne à l'*office*, le bâtiment réservé au bureau. Puis, avec Onil Ouellette, un employé de l'usine, il monte dans la Chrysler Impérial Le Baron 1974 pour se rendre jusqu'au bord de la rivière, au quai, où est garé son hydravion. Les deux hommes se quittent en se saluant, comme toujours. Le temps commence à fraîchir depuis quelques jours, il fait à peine 16 °C. La lumière orangée du soleil à l'horizon est de plus en plus basse et rappelle que l'automne n'est pas loin.

À cette heure-là Guylaine Saucier, la fille aînée de Gérard, vaque encore dans son bureau aux affaires courantes et vérifie quelques papiers comptables. Marie-Mai Saucier-Landry, une sœur de Gérard, est au service de la paye ; elle achève fébrilement la préparation de ses enveloppes. Comme toujours le jeudi, ça presse. De sa fenêtre, elle a une belle vue sur le plan de l'usine, un peu comme si elle était la gardienne des lieux. À l'*office*, tout le monde est encore au poste. C'est en somme une fin d'après-midi comme les autres…

Un vent de travers

Il doit être environ quatre heures quarante-cinq. Onil Ouellette, qui vient de quitter son patron, s'attarde au bord de la rivière. Il regarde les mouvements de l'hydravion, une centaine de pieds plus loin dans la petite baie. Après les quelques minutes de réchauffement rituel, l'appareil glisse vers l'endroit d'où il prendra son essor. Les petites vagues à la surface de l'eau semblent aller en tous sens.

En quelques secondes, l'appareil s'ébranle et prend de la vitesse. Au vrombissement du moteur s'ajoute le claquement des flotteurs qui fendent l'eau. Du nord-ouest déferle alors une rafale si typique de septembre ! Et un instant après avoir décollé, dans un mouvement aussi soudain que brusque, l'hydravion se retrouve à l'envers ! D'abord Onil n'en croit pas ses yeux. Puis il comprend la gravité de la situation et part chercher du secours.

De son lieu de travail, Henri-Paul Plante, menuisier, aperçoit lui aussi « l'avion lever six pieds de haut, piquer du nez, pis virer à l'envers », comme il le racontera plus tard. À son tour, il court immédiatement avertir Jean-Paul Lemarier, le pilote d'hélicoptère qui travaille non loin de là dans le hangar. « Viens vite, l'avion de monsieur Saucier est viré à l'envers ! On va essayer de faire quelque chose ! Vite ! Vite ! »

Les deux hommes sautent dans une embarcation. En guise de rames, ils ramassent les premières planches qui leur tombent sous la main. Ils doivent franchir au plus vite les quelque six cents pieds qui les séparent de l'hydravion. Comme ça semble loin !

De toutes leurs forces, ils se battent contre le courant rapide et impétueux de la rivière, contre le temps, chaque seconde compte... Avec toute l'énergie dont ils sont capables, ils tentent d'atteindre le plus vite possible le lieu de l'accident.

À l'usine, déjà, la nouvelle commence à se répandre comme une traînée de poudre. Quelqu'un a même dit qu'il faut appeler le médecin. Marie-Mai a bien remarqué depuis quelques minutes une agitation inhabituelle autour d'elle, puis elle a compris : elle s'empresse de téléphoner au docteur Shawki Sabbagh à Lebel-sur-Quévillon. « Venez vite ! Il faut faire vite, l'avion est retourné à l'envers dans la rivière ! »

Arrivé près de l'hydravion, Jean-Paul Lemarier sait qu'il doit plonger. L'eau de la rivière est glacée, il n'a pas le choix, il n'a pas un instant à perdre. Comme il le peut, tant bien que mal, il s'introduit dans l'eau noire. D'abord les pieds jusqu'aux hanches, progressivement, puis la poitrine et le cou. Finalement la tête. Il plonge et descend dans l'eau sombre, mélangée de terre et privée de lumière. La porte, trouver la porte... À tâtons, il cherche désespérément la poignée : ouvrir, il faut absolument ouvrir. Peine perdue, les mains glissent sur la paroi de métal sans jamais atteindre la poignée. Il recommence plusieurs fois, mais en vain.

Le moulin s'arrête

Autour de l'usine, l'affolement continue de gagner beaucoup de monde, un sentiment d'urgence s'installe. On vient d'arrêter le moulin : il est cinq heures vingt. Les employés se pressent vers le quai.

Pendant ce temps, à Lebel-sur-Quévillon, le message a été reçu. Le docteur Sabbagh, accompagné de l'infirmière Mance Mercier, franchit dans sa voiture les dix milles qui le séparent de Comtois. Ils apportent une grande trousse d'urgence pleine d'instruments, de solutés, de sérums.

De son côté, l'agent de sécurité Eddy Morin a trouvé une chaloupe et rejoint lui aussi le lieu de l'accident. Il plonge à son tour en toute hâte. Une première fois, puis une autre. Dans l'eau boueuse, la porte refuse de s'ouvrir. Le contremaître Lucien Chassé vient le rejoindre, accompagné de Luc Marceau et de Henri-Paul Morin. Jean-Paul Lemarier, sur les lieux depuis près d'une demi-heure, est transi. Il n'a plus d'autre choix que de retourner sur la rive.

Comme l'hélicoptère de la compagnie se trouve au garage de Matagami, il décide de téléphoner à Val-d'Or pour faire venir d'urgence un *Alouette 2*. Peut-être ce type d'hélicoptère serait-il enfin assez fort pour arriver à soulever l'hydravion… Le temps passe, les secondes, les minutes s'accumulent inexorablement. Déjà quarante-cinq minutes sous l'eau…

À l'usine, plus précisément à l'*office*, la nouvelle n'a pas encore atteint tout le monde. Certains qui travaillent à l'étage n'ont rien vu, rien entendu. Surtout, personne n'a trouvé le courage de monter les seize marches de l'escalier. Ce n'est que vers cinq heures trente que Vianney Allard se rend au rez-de-chaussée parce qu'il a affaire à Marie-Mai Saucier-Landry. Il la trouve en larmes et il lui demande ce qu'il lui arrive. La réponse est brutale : « Gérard s'est tué avec l'avion ! »

Guylaine, bouleversée, vient tout juste d'apprendre, à son tour. Tous ensemble, ils accourent vers le quai où il y a déjà beaucoup de monde.

De l'autre côté de la rivière, près du pont, Ghislain Gauthier, fidèle employé de la compagnie, met à l'eau la chaloupe motorisée qu'il est allé chercher chez lui et se dirige vers l'hydravion.

Le docteur Sabbagh et Mance Mercier viennent d'arriver au quai. L'ambulance est là. Le docteur Sabbagh attend qu'une embarcation soit disponible. Il monte dans un canot, avec Vianney Allard. Restée sur la rive avec à ses côtés André Lamoureux et Reynald Ouellet, l'infirmière n'a pas oublié cette scène : « Ça avait l'air du début de la colonie. Le docteur Sabbagh ressemblait à un missionnaire au milieu des rameurs. » Avec les ambulanciers, elle s'est ensuite rendue à l'autre quai, de l'autre côté de la rivière, là où l'avion sera tiré, le long de la rive…

On tire l'hydravion

Il est environ six heures quand l'hydravion est enfin tiré avec un câble de l'autre côté de la rive à un endroit où il y a moins d'eau. C'est là que se rend le docteur Sabbagh. Ce n'est qu'une vingtaine de minutes plus tard qu'Eddy Morin réussira à ouvrir la porte.

Il va chercher le corps coincé au milieu de l'avion. Visiblement, Gérard Saucier était arrivé à se détacher. On l'emmène et on le dépose dans la chaloupe. On le transporte à l'orée du bois. Le docteur Sabbagh demande, envers et contre tout, les instruments que l'infirmière a toujours avec elle.

Quand un chien hurle…

Ghislain Gauthier part chercher la trousse et croise l'infirmière dans son canot. Le médecin constate vite qu'il n'y a plus rien à faire. Le diagnostic est implacable. « On a mis beaucoup de temps à le sortir de l'eau. Je savais que c'était fini. Mort, le pauvre homme. Son cœur était mort. Les poumons s'étaient remplis d'eau. Je savais qu'il n'y avait plus de chance de le sauver. Je lui ai donné des massages cardiaques. Ensuite je lui ai donné une injection d'adrénaline directement au cœur, une injection intracardiaque. C'est la seule chose que j'aie pu faire. »

En désespoir de cause, Vianney Allard lui donne quand même la respiration artificielle. Mais il se rend compte que les poumons sont pleins d'eau et que plus rien n'est possible. Dans la chaloupe motorisée, le corps, finalement, est transporté vers le pont. Il est six heures quarante-cinq.

Au bord de la rivière, la foule nombreuse pleure en silence. L'*Alouette 2* est arrivé. Les frères de Gérard, Jean-Paul et Jean-Claude, viennent à peine de rentrer de la forêt. Ils sont allés rejoindre Guylaine, retournée à l'*office* depuis un moment, assise dans le fauteuil de son père. C'est partout la consternation. Nicole Chassé se souvient que le chien de monsieur Sedy a commencé à hurler : « Ah ! mon Dieu ! C'est fini. Parce qu'un chien, quand ça hurle, c'est qu'il y a quelqu'un de mort. »

La dure réalité

Quel accablant chagrin pour tous ceux qui sont là... Chacun se sent à la fois impuissant, stupéfait, envahi par une douleur indéfinissable... Comme il est difficile de se rendre à l'évidence. On cherche des raisons. On se dit que si l'hélicoptère avait été là, on aurait sans doute pu... Que s'il y avait eu une embarcation à moteur, on aurait peut-être gagné les quelques minutes fatidiques... Et s'il avait réussi à ouvrir la porte... On aurait dû, il aurait pu, il aurait peut-être fallu... Si, si, si... Murmures et sursauts de révolte. « Je lui avais bien dit aussi de ne pas piloter. »

Un accident. L'événement, aussi imprévu que soudain, aussi bête qu'inexplicable, n'est pas facile à accepter. Cette fin de journée de septembre est lourde à n'en plus finir. Une journée qui devait pourtant ressembler à toutes les autres...

La nouvelle qu'il faut annoncer

Et puis il y a toujours le stade suivant. Celui de la nouvelle qu'il faut annoncer. Il faut faire savoir alors qu'on préférerait encore ne pas croire. Devenir messager. Après tout, on aimerait se dire que ce n'est peut-être qu'un mauvais rêve. Alors que répéter, raconter, c'est s'obliger à reconnaître que la partie est perdue. C'est se rentrer ça dans la tête à coups de marteau.

À l'usine de Comtois, Guylaine ne dispose que du téléphone. Elle doit joindre chaque membre de la famille. Pour faire un interurbain à partir de Comtois, il faut passer par les téléphonistes de Télébec. Comme elles sont en grève à ce moment-là, c'est le personnel cadre de la compagnie qui se charge d'acheminer les communications. Grâce à la collaboration de l'un d'eux, elle réussit à placer tous ses appels.

Après avoir téléphoné à Val-d'Or à un grand ami de son père, Lucien Cliche, pour lui demander de bien vouloir prévenir sa mère, elle tente d'atteindre ses frères et sœurs éparpillés un peu partout. Chez Céline, la ligne est toujours occupée. Pas de réponse chez Sylvie, mais Richard est là, au bout du fil, muet de stupeur. Il va se charger lui-même d'informer sa sœur. Ensuite, elle parle à

André McNeil à Québec, un ingénieur forestier ami de son père, qui à son tour joindra Céline.

Dans la 5e Rue, à Val-d'Or

À Val-d'Or, devant la maison familiale de la 5e Rue, le curé Bilodeau plus nerveux que de coutume fait les cent pas. De la fenêtre de la cuisine, Jean, le cadet âgé de douze ans, l'aperçoit. Cette hésitation du curé lui semble un peu bizarre. Ami de longue date de la famille et voisin d'en face, il s'arrête souvent chez les Saucier, il passe bavarder ou prendre des nouvelles.

Yvette Saucier est en train de parler au téléphone avec sa fille Céline à Québec. Elle est justement à lui dire qu'elle attend impatiemment son mari. Elle craint que, comme toujours, encore une fois, ils n'attrapent que de justesse l'avion d'Air Canada en début de soirée.

« Toujours à la dernière minute ! » se plaint-elle. La valise est prête pour aller fêter le trentième anniversaire de mariage à Montréal comme prévu. Depuis un bon moment, la table est mise pour le souper. C'est alors qu'elle aperçoit le curé. Comme elle est en robe de chambre, elle rompt aussitôt la communication avec Céline pour aller s'habiller.

Le curé Bilodeau finit par entrer. De toute évidence, il est mal à l'aise, il cherche ses mots, il ne sait trop comment s'y prendre : « Un accident… On ne sait pas si… Je ne suis pas sûr. Rien n'est confirmé, mais… »

Très vite, Jean a deviné. Yvette a compris. Avec une soudaine violence, elle s'écrie : « Non. C'est pas vrai ! »

Quelques instants plus tard, l'arrivée des bons amis de Gérard, Lucien Cliche et le docteur Marc Mercier, vient confirmer en quelque sorte ce qui semblait encore impossible. Frappée de stupeur, Yvette en a le souffle coupé. Ses mots sont à peine audibles : « Je pourrai même pas l'embrasser. »

Quelques minutes après, dans un sursaut d'énergie, elle se met à crier. Très fort. Elle serre les poings avec une fureur telle que le lendemain encore tous ses muscles lui feront mal.

Et Jean, plongé dans le mystère et le mutisme de son adolescence, se retire au salon en essayant de se perdre dans la multiplicité des pièces d'un puzzle commencé quelques jours auparavant.

Un téléphone inquiétant

Un des fils de Gérard, Pierre, est à London, étudiant à l'Université Western Ontario. Il vient d'y arriver la veille pour entreprendre sa deuxième année d'études. Radio, télévision, amis : impossible de l'atteindre. Ce n'est que le lendemain, le vendredi 5 septembre, dans la matinée, qu'il téléphone lui-même à sa mère à Val-d'Or pour donner des nouvelles de son installation.

Après plusieurs tentatives étrangement infructueuses à la maison familiale, il finit par composer le numéro de l'usine de Comtois. Quand il demande à parler à son père, la réceptionniste, hésitante, cherche ses mots et lui passe son oncle Jean-Paul. D'une voix calme, celui-ci informe Pierre que son père a eu un accident d'avion. Pierre demande alors si son père a été transporté à Montréal, comme cela avait été le cas pour un précédent accident assez grave, en 1970. Il espère de toutes ses forces que la réponse sera positive. « Je ne pense pas », répond d'une voix éteinte Jean-Paul. « Crois-tu que je ferais bien de me rendre à la maison ? » La réponse affirmative de son oncle laisse Pierre dans une grande inquiétude.

Comme un automate, il prend sur-le-champ sa voiture et file vers Toronto pour sauter dans le premier avion pour Val-d'Or via Montréal. Il sait sans savoir, sans vouloir savoir. Dans l'avion entre Montréal et Val-d'Or, il reconnaît la femme d'un employé de l'usine. Mauvais présage ? Il choisit de l'éviter.

Mais en arrivant à l'aérogare, plus d'esquive possible. Rapprochés et même serrés les uns contre les autres, tous les frères, sœurs et beaux-frères sont là. Le doute n'est plus permis.

Guylaine s'avance et lui tend les bras, sans trop parler. Tout le monde s'embrasse. Une fois dans la voiture, elle lui rappelle qu'il faut rester fort devant leur mère. À la maison, Pierre prend sa mère dans ses bras. Comme les mots manquent dans ces moments-là ! Pour la consoler, la seule phrase qu'il arrive à dire, c'est que son père était sûrement au paradis.

La fin brutale d'un itinéraire exceptionnel

Ainsi, au bout de cinquante-neuf années, s'achève le parcours d'un homme qui avait quitté sa terre natale pour l'Abitibi. Son métier le passionnait. La forêt avait été toute sa vie, de même que l'usine, ses hommes et sa famille qu'il laissait dans le deuil. Il y avait Yvette et les enfants, son père Péa qui depuis le Nouveau-Brunswick l'avait précédé puis suivi, encouragé, accompagné. Ses frères et sœurs, de l'aîné Médard à la cadette Marie-Rose, pour lesquels il avait toujours gardé un attachement indéfectible. Et quelques amis très chers. C'est toute une région qui le pleurait.

Le formulaire du ministère des Transports du Canada résume sèchement le drame qui devait mettre fin à une vie à la fois ordinaire et exceptionnelle :

CHARLIE FOXTROT ZULU NOVEMBER NOVEMBER
CF ZNN Cessna 185 (floats)
Date : September 4th, 1975 – 15:45 est
Operation : private-recreation
Damage : substantial
Place : Lebel-sur-Quevillon, Que. 49'11" N 77'10" W
Locale : river 950 asl.
Weather : cloud 3000 overcast, vis 15, temp 16°C
Wind : WNW 15 to 20 gusting
Pilot : private – expired
Total hours : 968 (169 on type)
Last 90 days : 93 (93 on type)
Casualties : crew 1 killed
Occurrence : The aircraft was on the step during the take-off run in a strong, gusting, 90 degrees crosswind. The aircraft rocked from side to side, both wings contacted the water and it rolled over onto its back.
1. Loss of control on water. 2. Nose over.

Transport Canada Transports Canada

AIRCRAFT ACCIDENT REPORT
RAPPORT D'ACCIDENT D'AVIATION

"This accident was investigated to provide guidance toward the prevention of a recurrence. The content of this report is confined to cause-related circumstances and is published for accident prevention purposes only".

Q50100 Cessna 185 (Floats) CF-ZNN

DATE: 4 September 75 1545 EST
OPERATION: Private-recreation DAMAGE: Substantial
PLACE: Lebel-sur-Quevillon, Que 49/11N 77/10W
LOCALE: River 950 asl
WEATHER: Cloud 3000 overcast, vis 15, temp 16°C, wind WNW 15 to 20 gusting
PILOT: Private - expired

TOTAL HOURS:	968	ALL	169	ON TYPE	
LAST 90 DAYS:	93	ALL	93	ON TYPE	

CASUALTIES: Crew: 1 killed
OCCURRENCE: The aircraft was on the step during the take-off run in a strong, gusting, 90° crosswind. The aircraft rocked from side to side, both wings contacted the water and it rolled over onto its back.

1. Loss of control on water.
2. Nose over.

Une photographie de l'endroit où a pris fin une vie à la fois ordinaire et exceptionnelle. Le rapport du ministère des Transports du 4 septembre 1975 annonçant le décès de Gérard Saucier.

Cette journée du 4 septembre 1975 est restée gravée dans la mémoire de Pierre Saucier. Combien de fois a-t-il pensé que s'il avait été là... S'il avait été là, avec son père, assis à ses côtés, à sa droite, comme il en avait l'habitude, il croit qu'ils s'en seraient sortis tous les deux. Ce moment, cet accident, il l'a revécu tant de fois en rêve. Combien de fois en sont-ils tous les deux sortis vainqueurs !

Son père s'attachait toujours avant un décollage. Un baudrier l'aurait peut-être protégé. Mais cette ceinture n'était pas disponible alors sur ce type d'avion. Que s'est-il passé exactement ? Il avait pourtant réussi à se détacher. Aurait-il perdu connaissance au moment du choc ? Que de suppositions...

Adolescent, il arrivait parfois à Pierre de penser à ce qu'il ferait s'il perdait un proche parent. Il tentait d'imaginer sa réaction, de se préparer à l'événement, comme s'il voulait se protéger contre la tragédie. Mais cela n'avait servi à rien : le coup avait été trop dur.

La terre a pourtant continué de tourner. Avec les années sont venus le désir de comprendre et le besoin de se faire témoin de la vie qui continue.

CHAPITRE

2

L'enfance au Madawaska

Le pays natal

Gérard Marc Émile Saucier naît le 19 juillet 1916 au pays du Madawaska, à Baker Brook, petit village du Nouveau-Brunswick dans la vallée de la rivière Saint-Jean. Il est le deuxième enfant d'une famille qui devait en compter treize « vivants », comme on disait à l'époque. C'était l'année de l'implantation des fameuses usines de pâte à papier de la compagnie Fraser, à Edmundston.

La rivière Saint-Jean est en réalité un fleuve de 435 milles (700 km), de loin le plus long des provinces maritimes. Son nom remonte à l'arrivée de Champlain et de De Monts à l'embouchure du fleuve, le 24 juin 1604, jour anniversaire de saint Jean-Baptiste, et l'usage a consacré l'emploi du mot rivière plutôt que fleuve.

Le Madawaska

Les frontières actuelles du Madawaska datent de 1873. C'est un comté du nord-ouest du Nouveau-Brunswick, historiquement le dernier des grands comtés de la province. La région est pittoresque avec son terrain accidenté, ses collines et ses nombreux cours d'eau. On a parfois prétendu que son climat serait l'un des plus tempérés et des plus salubres des provinces atlantiques. En raison de la chaleur et des fréquentes averses, la végétation estivale y est rapide. Selon les endroits, le sol est plus ou moins fertile. Sur les hauteurs, la culture n'est guère possible, mais dans les vallées, on cultive toutes sortes de céréales, des pommes de terre et des fruits qui mûrissent dans les zones tempérées.

D'après l'historien Thomas Albert, curé de Shippagan au début du siècle, la vallée fut longtemps considérée comme un paradis de la chasse, principal soutien des premiers colons. Lacs et rivières sont encore aujourd'hui très poissonneux. Les vastes forêts ont depuis toujours attiré les exploitants de la Nouvelle-Angleterre et des autres provinces maritimes. Cette richesse forestière a suscité de nombreuses controverses entre le Maine et le Nouveau-Brunswick.

Toujours selon Thomas Albert, le mot « Madawaska » est d'origine micmaque. « Madawes » signifie porc-épic et « kak », endroit ou lieu : c'est le pays des porcs-épics. La langue des Micmacs, principal groupe aborigène de l'est du Canada, est d'ailleurs fort répandue dans la toponymie des provinces maritimes et de la Gaspésie. Le curé de Shippagan raconte qu'avec les Abénaquis, les Micmacs appartiennent à la confédération algonquine. Ce sont les Micmacs qui, les premiers, occupèrent la vallée de la rivière Saint-Jean, avant d'être envahis par les Abénaquis venus du Maine, plus spécialement les Malécites.

La première concession territoriale incluant le Madawaska date de 1683, quand les autorités françaises de Québec créèrent la Seigneurie du Madoueska. Mais le pays du Madawaska ne fut peuplé de façon permanente qu'à la fin du XVIIIe siècle. Les premiers colons à s'y installer étaient des Acadiens originaires de Sainte-Anne-des-Pays-Bas, aujourd'hui Fredericton. Ils avaient été chassés de leurs terres par suite des déportations et de la chute de Port-Royal en 1710.

La naissance du Nouveau-Brunswick

À la fin du XVIIIe siècle eurent lieu des changements radicaux. En 1784, les autorités britanniques se laissèrent convaincre de détacher de la Nouvelle-Écosse la partie sise au nord de la baie de Fundy, autrefois la baie Française. Ils en firent une nouvelle province : le Nouveau-Brunswick. Il s'agissait d'accommoder les Loyalistes, ces colons américains restés fidèles à la Couronne britannique durant la guerre d'Indépendance des États-Unis, lesquels avaient émigré en masse vers la Nouvelle-Écosse et le Québec. Avec l'arrivée des nouveaux venus, les Acadiens rentrés sur leurs terres en furent délogés de nouveau et durent rechercher des coins tranquilles et isolés, tel le Madawaska.

À cause de sa situation géographique et de l'histoire de son peuplement, le Madawaska resta longtemps une sorte de panier de crabes juridique, une « Pologne en Amérique du Nord », comme l'écrivent les préfaciers de la nouvelle édition de *L'Histoire du Madawaska* de Thomas Albert. Les vastes et riches forêts de pins utiles à la construction des navires devinrent ainsi l'enjeu d'un long marchandage dans la délimitation des frontières entre le Canada et les États-Unis. Les vestiges d'anciennes scieries rappellent encore aujourd'hui l'époque où John Glasier et d'autres entrepreneurs-bûcherons exploitaient l'une des ressources les plus importantes du Nouveau-Brunswick.

L'histoire des frontières entre le Nouveau-Brunswick et l'État du Maine ne manque pas de piquant. Comment oublier la rocambolesque affaire du drapeau hissé par l'Américain John Baker au jour bien symbolique du 4 juillet 1827 ? *A flag with a white ground with an American eagle and a semi-circle of red stars*, comme le décrivait le shérif anglais George Moorehouse : « Un drapeau blanc décoré de l'aigle américain et d'étoiles rouges en demi-cercle. » Baker avait décidé d'annexer le Madawaska aux États-Unis ! Il avait déjà donné son propre nom à la rivière Méruimticook et à l'emplacement où il s'était établi avec sa parenté et d'autres compatriotes. Il faisait le commerce du bois et avait construit sur la rivière, qui désormais porterait son nom, de grandes scieries modernes actionnées par la force hydraulique.

Colons en terre madawaskayenne

C'est à cette époque qu'on retrouve au Madawaska la première trace d'un descendant de Louis Saucier, l'ancêtre venu de France en 1665, établi ensuite à Québec. Il arrivait de Kamouraska avec d'autres immigrants venus aussi des anciennes paroisses de la rive sud du Saint-Laurent : les Soucy, les Albert, les Michaud, les Levasseur, les Chaurest. Les autorités du Nouveau-Brunswick avaient promis à ces premiers colons la propriété de leurs terres après trois ans d'exploitation. Pourtant, ils durent attendre cinq ans avant de recevoir les titres authentiques. C'est par l'entremise du gouverneur Carleton, le 1er octobre 1790, que les colons reçurent les documents qui les faisaient propriétaires de leurs domaines.

Concessionnaires et défricheurs

Sur la liste des concessionnaires ou des premiers occupants du Madawaska apparaissent les noms de Jean-Marie et de Joseph Saucier habitant la rive sud de la rivière Madawaska. Peu après, en 1794, s'ouvre une nouvelle concession, celle de Germain Saucier et de vingt-trois autres colons. Elle s'étendait de la Rivière Verte à la Grande Rivière, des deux côtés de la rivière Saint-Jean.

On concédait les terres à certaines conditions : l'obligation de payer chaque année deux shillings pour cent acres octroyés ; celle de défricher, en moins de trois ans, trois acres de terre sur cinquante concédées et de construire une habitation d'au moins vingt pieds sur vingt.

Au Bas-Canada, la terre se faisait de plus en plus rare. Pour un certain nombre de cultivateurs, la possibilité de créer des exploitations agricoles au Madawaska apparut alors comme un facteur puissant d'attraction. Existaient aussi des emplois reliés aux exploitations forestières fondées par des entrepreneurs anglais, écossais et américains. À partir du milieu du XIXe siècle, les Madawaskayens furent donc rejoints par d'autres « Canayens » du Bas-Saint-Laurent. Les Canayens et les Acadiens se marièrent entre eux. D'où une mentalité particulière, née du mélange des deux cultures, acadienne et canadienne, comme on disait alors.

La tradition de la parole

Au début du siècle, dans son *Histoire du Madawaska*, Thomas Albert parle en ces termes de l'Acadien :

« Il était plus fermé, plus renfrogné que son frère du Saint-Laurent, qui liait relation avec le premier venu et le mettait dans une heure de fréquentation au courant de ses projets qu'il dorait d'une légère teinte de vantardise. […] Sans cesser d'être franc, il répondait rarement par un oui ou non catégorique ; mais, quand il avait donné sa parole, c'était parole de roi.

« Le cousin du Canada avait plus d'ordre dans l'administration de ses affaires comme dans son travail ; il était plus strict dans ses rapports avec ses voisins. […] Gabriel était plus adroit dans les travaux de construction et de menuiserie, tandis que Jean-Baptiste le surpassait dans l'art de la culture et, en général, dans les travaux des champs.

« À cette époque d'isolement, tous les contrats se faisaient sur parole, de sorte que la parole donnée avait force de loi. Celui qui manquait à son engagement perdait sa parole. Dire à un homme qu'il avait perdu sa parole équivalait à la plus grande insulte, ce qui du reste n'arrivait que dans les grandes occasions et fournissait matière à procès. »

Le mariage de Péa et d'Agnès

En 1914, Péa Saucier et Agnès Caouette avaient vingt et un ans. Selon la coutume, ils étaient en âge de se marier. Fils unique de Joseph Saucier, né en 1858, Péa était responsable de la terre. Il avait une sœur, Georgiana, et deux demi-sœurs jumelles, les filles de sa mère Édith Daigle, née, elle, en 1864, et que son père avait épousée veuve.

C'est le 12 mai, à Lac-Baker, que Péa et Agnès se marièrent. Les deux se connaissaient depuis longtemps, car les familles habitaient des paroisses voisines. Agnès était la fille de Marie Martin et de Louis Caouette, né en 1853 à Saint-Alexandre-de-Kamouraska, quinzième colonisateur de Lac-Baker. Comme le voulaient la coutume ainsi que la divine Providence, ils auraient beaucoup d'enfants…

Vue de Lac-Baker, Nouveau-Brunswick.
Péa Saucier et Agnès Caouette
(en médaillon) s'y marièrent en 1914.

Aquarelle de Georgiana Saucier-Soucy, 38 × 50, 1961.

Une époque troublée

En ce printemps de 1914, au moment où Péa et Agnès fondent leur famille, le spectre de la guerre se profile de l'autre côté de l'Atlantique. L'assassinat par un terroriste serbe de l'archiduc François-Ferdinand d'Autriche, à Sarajevo, va entraîner le monde dans une guerre mondiale meurtrière et dévastatrice comme on n'en a encore jamais vu.

Au milieu de l'été, ce sera, en Europe, l'affrontement généralisé. Deux coalitions s'opposent. D'un côté les États agresseurs : l'Allemagne, l'Autriche-Hongrie et bientôt la Turquie. De l'autre les Alliés : la France, la Belgique, l'Angleterre, la Russie et la Serbie. Cette guerre allait s'appeler la Première Guerre mondiale.

Peu de Canadiens auraient alors cru que leur quiétude serait troublée par l'assassinat d'un archiduc dans une ville de Bosnie. C'était oublier la déclaration du premier ministre du Canada, Sir Wilfrid Laurier, en 1910 : « Lorsque la Grande-Bretagne est en guerre, le Canada l'est également. Il n'y a pas de différence. » C'est dire que le 4 août 1914, le Canada était aussi en guerre.

À Ottawa, le 18 mai 1917, de retour d'Angleterre, Robert L. Borden, alors premier ministre du Canada, prononce un discours où il déclare :

« Tous les citoyens sont responsables de la défense de leur pays : la bataille pour la liberté et l'autonomie du Canada est en train de se livrer aujourd'hui dans les plaines de France et de Belgique… Je sais, pour les avoir rencontrés, qu'il leur est impossible d'admettre l'idée que leur pays, qui les a appelés à son service, soit prêt à les abandonner, à les humilier. »

Cette déclaration est suivie d'une loi du service militaire : c'est la conscription. Ottawa s'arroge alors des pouvoirs considérables pour appeler sous les drapeaux quiconque tenterait de se dérober à l'application de la loi du service militaire.

Les origines familiales

Pendant que sur la scène internationale les peuples s'affrontent, la vie rurale suit tranquillement son cours. Mais les jeunes en âge d'aller à la guerre se sentent menacés. À Baker Brook, le jeune couple, Agnès et Péa Saucier, est installé dans la maison familiale avec les grands-parents, Joseph Saucier et Édith Daigle. Ils ont mis au monde deux beaux garçons : Médard, né le 26 avril 1915, et Gérard, né le 19 juillet 1916. Vingt et un mois plus tard, le 3 avril 1918, naît Edgard. Ces trois fils seront les aînés d'autres frères et sœurs. Ils constituent le trio qu'on appellera « les plus vieux ».

L'aîné, Médard, se souvient encore aujourd'hui de son enfance et raconte ainsi la vie d'alors : « Dans ce temps-là, quand ils arrivaient à soixante ans, les grands-parents donnaient leur terre à leurs héritiers. Grand-père et grand-mère vivaient chez nous. Grand-mère aidait un peu maman. Les vieux et les jeunes, ça marchait comme ça marche aujourd'hui : ça n'a jamais tellement bien marché. Mais d'un autre côté, ça se passait pas trop mal. Après qu'ils ont eu donné leur terre, grand-mère Saucier disait toujours à maman que c'était elle la première dans la maison. C'était toujours elle qui avait la manière de saler le lard.

« Une bonne journée, quand le curé est passé, maman a demandé au curé : "C'est qui la première dans la maison ? C'est grand-mère ou bien moi ?" Il a dit : "C'est vous, madame." Ça avait réglé l'affaire. Mais comme elles avaient discuté pour ça ! »

La visite paroissiale annuelle du curé avait donc cette fois-là arrangé bien des choses. La maison avait finalement obtenu la paix en échange de la dîme…

Après la naissance d'Edgard, Agnès perd deux enfants en bas âge, Lorraine et Jean-Paul. Mais la famille continuera de s'agrandir jusqu'en 1939. Selon le bon vouloir de la divine Providence, dix autres enfants naîtront. Marie-Ange, Zoël, Jean-Paul, Marie-Reine, Jean-Ménard, Jean-Claude, Hermel, Marie-Mai, Jean-Louis et Marie-Rose. Il y aura ainsi toujours beaucoup de monde autour de la table.

Une mère courageuse

Médard Saucier se souvient de sa mère comme d'une femme forte. Il en parle comme d'une personne toujours joyeuse qui ne s'en faisait pas inutilement. C'est avec une énergie inépuisable et une patience d'ange qu'elle s'occupait des enfants aussi bien que des grands-parents Joseph et Édith. À la fin de sa vie, grand-mère Édith, morte en 1929, ne pouvait plus aider. Agnès, petite femme plutôt costaude, s'occupait de tout. Pendant l'hiver, Péa gagnait parfois les chantiers. Elle lavait les planchers de bois et, jusqu'à ce que les trois aînés puissent prêter main-forte, elle allait matin et soir tirer les vaches. Elle faisait le beurre, s'occupait du jardinage et de l'ordinaire de la maison. Elle savait passer au travers, comme on dit, toujours avec bonne humeur et un moral à toute épreuve.

Médard raconte : « Les jeunes avec les vieux, il fallait faire attention. C'était "grand-père", "grand-mère", on se disait "vous". Grand-mère jouait du violon. C'était bon. J'aimais ça. On s'adonnait bien ensemble. Mais parfois grand-père nous disait : "Pourquoi que vous vous assoyez pas ? Reposez-vous donc un peu ! Pourquoi courez-vous toujours comme ça ?" Nous autres, on était jeunes. On courait d'un bord et de l'autre. On n'arrêtait pas. Y avait toutes sortes de petites affaires comme ça, mais pas pour dire qu'on avait des chicanes. »

La maison paternelle

La maison des Saucier n'était pas dans le village, mais sur la route d'Edmunston, voisine de l'école. Avec sa toiture en bardeau noir et ses murs couverts de papier-brique de couleur rouge, c'était une maison typique de la région, vétuste et mal isolée contre le froid. Le chauffage se faisait au bois, dans le poêle de la cuisine ; il n'y avait pas d'électricité. Avec ses huit pièces, elle était assez grande : au rez-de-chaussée, il y avait un salon, une salle à manger, une cuisine et une chambre ; à l'étage, il y avait quatre chambres. Chaque année, dès le début de mai, la famille se retrouvait dans la cuisine d'été, plus facile à entretenir. L'hiver, c'était le retour dans la « grand-maison ».

La terre, adjacente à la rivière, avait six acres sur deux milles de long. La rivière Saint-Jean servait de frontière entre le Canada et les États-Unis. La culture dite mélangée était propre au Nouveau-Brunswick. Péa Saucier cultivait le grain, le foin et surtout les pommes de terre, les fameuses patates.

Médard Saucier se rappelle aussi le sarrasin qui devait être arrosé avant d'être fauché pour éviter qu'il ne s'égrène. Devenu sec, il était ramassé, passé au « batteux », puis transporté au moulin à farine à un mille de la maison. Il n'y avait pas de blé. Les jeunes Saucier aimaient bien aller travailler chez le voisin qui en cultivait.

« On aimait ça, se rappelle Médard, on mangeait du pain de blé. Nous autres, on n'en avait pas. Maman faisait du pain seulement en fin de semaine. Les jours de semaine, on mangeait des "plogues", des espèces de galettes de sarrasin. »

C'est la vente des patates qui constituait la plus grosse part du revenu familial. Elles étaient ramassées, mises dans des sacs de 75 livres et dans des barils qui pouvaient contenir jusqu'à 165 livres. On pouvait compter jusqu'à 500 barils dans la cave. Le plus souvent, les patates étaient vendues du côté américain. Médard Saucier se rappelle que 500 barils pouvaient rapporter jusqu'à mille piastres, ce qui n'était pas mal à l'époque.

Ces pommes de terre, il fallait les semer et les ramasser. Ce qui occupait tous les Saucier. Quand arrivait l'automne, tout le monde était mobilisé, surtout le soir et le samedi. Il fallait même engager des jeunes qui venaient s'ajouter aux voisins. La grange avait cent pieds de long. Le foin, la paille et le grain y étaient entreposés. Le bâtiment hébergeait une douzaine d'animaux, des vaches et leurs veaux, des porcs et des moutons. Des poules servaient aussi à nourrir la famille.

L'école et l'église

L'école était voisine de la maison. Pendant l'année scolaire, s'il le fallait, la coutume permettait aux parents de se faire aider pour les travaux agricoles et de retenir les enfants chez eux. Mais les parents Saucier n'en ont pas abusé. Parfois, pourtant, les patates avaient leurs exigences et passaient avant.

À l'école, la jeune maîtresse avait sous sa responsabilité des groupes plus ou moins nombreux répartis en huit divisions qui recevaient un enseignement progressif. Elle devait s'occuper de la discipline du groupe tout en tenant compte des élèves qui éprouvaient des difficultés.

Gérard Saucier fréquenta l'école de Baker Brook de 1922 à 1930. Comme tous les écoliers de l'époque, il apprit quelques éléments d'écriture et de lecture, un peu de calcul, un zeste d'anglais et sans doute beaucoup de catéchisme et d'histoire sainte. Les prêtres passaient régulièrement à l'école pour la confession. Médard Saucier se souvient que son jeune frère Gérard, qui ne faisait rien à la légère, s'y préparait sérieusement. L'examen de conscience l'emportait sur la récréation. Un trait de caractère qui préfigurait déjà l'homme à l'esprit rigoureux et discipliné.

Le dimanche, par tous les temps, les Saucier se rendaient à l'église du village, à trois milles de la maison. Médard Saucier se souvient encore du bruit cadencé que faisait l'attelage des voisins devant la maison. Leur passage marquait le moment du départ : une heure avant la messe. La voix de Péa retentissait alors dans la maison : « Dépêchez-vous, Hector est passé. C'est le temps de partir ! » Les grands-parents et les parents s'installaient dans le *buggy*, ce petit cabriolet découvert où il n'y avait pas de place pour tout le monde. Dès que les enfants étaient en âge, bon gré mal gré, ils devaient parcourir la distance à pied.

Chez les Saucier, la vie ressemblait à celle des autres cultivateurs de l'époque. On peut dire que le petit Gérard grandit dans un milieu austère. Il reçut une éducation stricte. Il fut entouré des grands-parents, de son père, un homme qui faisait bien son chemin, et de sa mère, de tempérament joyeux, au dire de Médard. Avec ses nombreux frères et sœurs, Gérard évolua dans des conditions bien modestes, certes, mais sans jamais connaître la misère.

Son jeune âge lui épargna provisoirement les inquiétudes ressenties partout dans les villages pendant cette Grande

Guerre qui ravagea l'Europe, de 1914 à 1918, et dans laquelle le Canada se trouva entraîné.

L'après-guerre

Au Canada, le conflit terminé, la division fut profonde entre les Canadiens français et les Canadiens anglais. Entre ceux qui étaient restés au Canada pendant les années de guerre et ceux qui étaient revenus après avoir passé des mois ou des années outre-mer. Au lieu de rapprocher les citoyens, l'effort de guerre les avait séparés.

Les derniers mois apportèrent un lot de souffrances supplémentaires. Une épidémie mondiale, la grippe espagnole, atteignit l'Amérique du Nord en septembre 1918. Les écoles et les usines durent fermer, les chemins de fer, le téléphone et la poste furent paralysés. Souvent, il n'y avait plus personne pour soigner les malades. On n'a jamais pu établir le bilan des morts. De trente à cinquante mille Canadiens auraient péri de cette maladie foudroyante.

Au Canada français, pendant les années 1920, commence une seconde Révolution industrielle. Les industries qui exploitaient les richesses naturelles, surtout les pâtes et papiers, se trouvaient en pleine expansion. Elles représentaient un pôle de croissance important tandis que l'agriculture, elle, déclinait. Cette désaffection contribua à accélérer le dépeuplement des campagnes. Avec l'avènement de l'industrialisation, la faiblesse économique des cultivateurs devint plus marquée que jamais.

L'héritage brayon

Gérard Saucier passa les vingt-deux premières années de sa vie à Baker Brook, dans une région dont les frontières et l'identité sont particulières, ce qui contribua beaucoup à l'affirmation de certains traits de sa personnalité : ce fut là son héritage « brayon », comme on désignait ces cultivateurs qui broyaient le lin. Sa famille appartient à une lignée de colons cultivateurs et d'entrepreneurs-bûcherons dont le genre de vie et la mentalité ont certainement contribué à forger sa personnalité.

Thomas Albert parle de ces habitants d'origine à la fois bretonne et normande, acadienne et canadienne, et de leur riche nature qui tient des deux tempéraments et constitue le vrai type madawaskayen, « breton et normand à la fois, entêté et roublard, honnête et gai, généreux et plein d'initiative, hospitalier, mais impénétrable ».

CHAPITRE

3

L'Abitibi, terre d'avenir

Un homme de projet

Quand Médard, l'aîné des Saucier, parle de son père Péa, il précise que celui-ci avait toujours un projet en tête, qu'il n'était jamais écrasé par les difficultés et qu'en face d'un problème, il finissait toujours par trouver une solution. Péa parlait peu et réfléchissait beaucoup. Médard ajoute: « Il menait son affaire à sa manière. »

Dès 1930, l'avenir de ses trois « plus vieux », âgés de douze, quatorze et quinze ans, commence à le préoccuper. Il y pense et il est bien décidé à leur trouver une terre où les établir. À Baker Brook, la maison est pleine; elle a beau être grande, c'est le temps pour les plus vieux de partir gagner leur vie. Il faut penser à l'avenir, et la terre ne suffit pas pour tout le monde.

Les années de la crise

Tout est devenu difficile en cette époque de grande crise économique qui s'est abattue sur le monde et qui marquera partout si profondément la décennie

1930. Le 29 octobre 1929, la prospérité factice de l'Amérique et du monde occidental s'écroulait. Le fameux krach qui frappait la Bourse de New York s'est transformé aussitôt en crise et le chômage s'est généralisé. En Amérique du Nord, les chômeurs se comptent par centaines de milliers, dont 228 000 dans la seule province de Québec. Une crise qui dépasse toutes les autres par son ampleur et sa gravité.

Au Canada, vu la forte dépendance du pays envers les exportations et même les investissements et surinvestissements des années 1920, l'économie subit une dégringolade en règle. Le pays est aux prises avec des problèmes économiques et sociaux d'une ampleur sans précédent. Les disparités régionales et sectorielles sont bien marquées. En 1932, le taux de chômage, chez les ouvriers syndiqués, atteint 26,4 %, un sommet jamais vu dans l'histoire du Québec. Dans les villes sévit la misère noire.

Le célèbre rapport dans lequel Lord Durham déclarait en 1839 que la majorité des ouvriers étaient d'origine française, au service du capitalisme anglais, reste encore vrai. Les Canadiens français ont la réputation d'exceller dans les travaux manuels, particulièrement dans les métiers du bois. Les rares entrepreneurs canadiens-français n'ont pas la tâche facile. Quelques-uns ont cependant réussi à effectuer une percée dans le monde des affaires.

Le monde des grandes affaires, lui, est massivement envahi par les capitaux anglais, puis américains, avec leurs traditions et leur personnel. Les populations urbaines sont prolétarisées et soumises à ces grands cartels. Aucune politique nationale réaliste ne veille à la participation des Canadiens français à l'épanouissement de leur propre économie. Dans les années 1920, Henri Bourassa incite ses compatriotes à s'intéresser à la petite et à la moyenne entreprise, non à la grande. Mais à la même époque, à l'École des Hautes Études commerciales, on commence à dénoncer l'emprise du capital étranger sur l'économie québécoise et l'éviction des Canadiens français du monde des affaires.

À la campagne, il devient normal pour les cultivateurs de vivre dans la plus grande simplicité. L'« habitant », comme on appelait les paysans canadiens-français – ceux qui se fixèrent à demeure au pays et y firent souche – pratique une agriculture de subsistance qui pourvoit aux besoins essentiels de la famille. Ce qu'Arthur Buies écrivait à la fin du XIXe siècle demeure d'actualité : « C'est un milieu dans lequel tous les besoins factices disparaissent. »

Pour échapper à la misère, la plupart des agriculteurs, quand le « gagné » de l'été ne suffit pas, doivent occuper leur hiver à quelque travail rémunérateur. Au temps des cultures succède le temps des bois. Les habitants complètent leurs maigres revenus en travaillant à l'abattage du bois dans les exploitations forestières. Mais avec la crise, ils voient leurs moyens financiers considérablement réduits. Ils ne peuvent même plus compter sur le travail d'été dans les scieries qui, l'une après l'autre, ferment leurs portes.

L'industrie des pâtes et papiers est lourdement touchée, en particulier par la réduction du volume et du tirage des journaux aux États-Unis. Les faillites et les fermetures d'usines ne se comptent plus et entraînent un chômage important dans les petites villes aussi bien que dans les régions tributaires de l'industrie du sciage et de l'abattage en forêt.

Une vie frugale

Dans la famille Saucier, il n'y a jamais de problèmes de nourriture. La terre nourrit son monde et le caveau est toujours rempli de légumes. C'est plutôt Péa qui va porter des pommes de terre à des cousins qui n'ont plus rien à manger lorsque la crise atteint les campagnes. Pour ne pas les humilier, il le fait en cachette pendant leur absence. Quand Médard se rappelle cette époque, il dit que « ça faisait dur parce qu'il y avait rien qui marchait ».

Le problème chez les Saucier, comme chez les cultivateurs en général, ce sont les vêtements, les « habits », comme on disait. Agnès rafistole les étoffes comme elle le peut. Il ne faut pas être trop fier !

L'exode des campagnes

Depuis longtemps, dans les familles rurales, quand venait le temps de gagner sa vie ou qu'on rêvait de promotion sociale, on prenait le chemin de la ville. Le mot « habitant », qui désignait jadis non sans prestige le cultivateur propriétaire de sa terre, avait pris une valeur péjorative dans la bouche des citadins. Cette tendance à l'exode des campagnes remontait à aussi loin que le milieu du XVIIIe siècle ; la fin du XIXe siècle a connu une émigration massive des cultivateurs vers la Nouvelle-Angleterre.

«...su'la terre, y a pas de dépression »

À partir de 1930, les mentalités changent. L'agriculture semble vouloir s'imposer de nouveau comme facteur de stabilité, comme le meilleur moyen de subsistance, même si son importance et son intérêt n'avaient cessé de diminuer au profit des autres activités, notamment de l'industrie.

La terre devient alors le nouveau refuge contre la misère urbaine ; un toit, la nourriture et le vêtement au moins y sont assurés. Comme le dit Euchariste dans *Trente Arpents*, le roman de Ringuet : « C'est vrai, su'la terre, y a pas de dépression. »

Pour beaucoup, cette époque est celle des rêves brisés et de la résignation. Mais elle est aussi, par la force des choses, celle de la recherche de solutions. Quand on n'a rien, on n'a rien à perdre : il reste à imaginer, à essayer ! Il faut innover.

La dure école de la vie

Médard, Gérard et Edgard Saucier ne peuvent se payer le luxe d'interrompre leurs études. Ils ont fréquenté l'école du village tant bien que mal jusqu'en septième, huitième année, comme c'était la coutume pour la plupart des habitants. Dès l'âge de douze ans, ils ont plongé dans la dure école de la vie. Le travail de la terre, ils le connaissent déjà bien. Ils ont travaillé avec leur père et chez d'autres cultivateurs où ils ont appris à labourer, à semer, à ramasser ou à cueillir.

Les trois frères ont aussi connu le travail en forêt pendant l'hiver, comme leur père Péa qui y allait de temps en temps.

Ils vont travailler dans les chantiers forestiers au Nouveau-Brunswick et au Québec, à Rivière-Verte. Ils vont même de l'autre côté de la rivière Saint-Jean, chez le cousin Pierre Landry, ou encore chez l'oncle Fred Collin, dans l'État du Maine, aux États-Unis.

L'audace et la débrouillardise

Quand ils font chantier aux États-Unis, ils sont des « illégaux ». Comme ils se débrouillent un peu en anglais, ils arrivent à répondre aux questions du policier des douanes. Il suffit de dire quelques mots. Qu'ils viennent de Fort Kent. Ils connaissent aussi le nom de l'école de leur cousin. Il faut tout de même de l'audace, car ils risquent la prison.

Il leur arrive de rester en forêt pendant les fêtes. Noël est alors une journée comme les autres, sauf qu'il y a de la dinde ! Puis au retour des chantiers, les garçons remettent une bonne partie de leur *run* à leur père.

Les nouveaux plans de colonisation

Péa Saucier, qui n'a guère fréquenté l'école, n'en est pas moins bien informé. Des idées commencent à germer dans son esprit alerte. Il est au courant de ce qui se passe : il a entendu parler de la misère en ville et aussi des nouveaux plans de colonisation proposés par les gouvernements. On parle beaucoup de l'Abitibi. C'est nouveau, on dit que c'est bon, qu'il y a de l'ouvrage pour les jeunes, surtout dans les alentours de Val-d'Or. On parle des mines qui s'ouvrent.

En 1935, par un beau jour d'automne, en bon père de famille, il décide que c'est enfin le temps de placer ses gars et que le moment est venu de réaliser le plan qui lui trotte dans la tête depuis quelque temps. Agnès est d'accord avec lui. Il demande à Médard, rentrant de la forêt, ses deux cents piastres pour monter en Abitibi et voir de quoi il s'agit : « Je m'en vas voir ce qui se passe là pour vous autres. »

Le soir même, il prend le train qui passe à onze heures trente à Caron Brook. Le lendemain, il s'arrête à Québec pour aller glaner les informations nécessaires avant de monter au Nord-Ouest.

Les gouvernements fédéral et provincial ont mis sur pied des programmes spécifiques et bien encadrés d'occupation du sol. En 1932, un premier plan organisé par le gouvernement fédéral propose aux chômeurs urbains condamnés au secours direct une prime pour s'établir sur une terre ; c'est le plan Gordon.

En 1935, le gouvernement du Québec met en œuvre un autre programme de redressement : le plan Vautrin. L'Abitibi y est présenté comme une région en pleine croissance. La production minière a provoqué la formation d'un nouveau réseau urbain régional, qu'une forte demande pour l'or contribue à stimuler.

Des terres promises

Bourlamaque est fondé en 1934 et Val-d'Or en 1935. Aussi Péa Saucier visite-t-il ces terres promises de l'Abitibi comme on fait une tournée de reconnaissance, voire d'inspection, bien décidé à en faire le tour pour y trouver « une bonne place pour ses gars ». Il pousse même ses recherches jusqu'en Ontario.

Sa première visite en Abitibi l'impressionne. Des chemins nombreux s'ouvrent un peu partout et le concert des foreuses des mines de diamant lui semblent annoncer des temps meilleurs. En fait, la région lui apparaît dès lors comme une terre riche de possibilités, qu'il s'agisse de mines, de forêt, d'agriculture ou de commerce.

Pour Péa Saucier, l'Abitibi, c'est avant tout une terre d'avenir. Bien des colons n'y voient pourtant qu'un refuge pour échapper à la crise. En passant par Québec, Péa s'était informé au sujet des lots. Il s'intéressait plus spécialement aux terrains situés du côté de Dubuisson, entre Val-d'Or et Malartic. On lui avait répondu que ces lots ne seraient jamais concédés. Que serait même construite à cet endroit une ville importante, car le sol était plein d'or ! Qu'importe. Péa a déjà sa petite idée là-dessus.

Au printemps de 1936, Péa décide d'aller travailler en Ontario avec Médard, Gérard et Edgard. Ils se trouvent alors à Opasatica, près de Cochrane. Tous quatre, père et fils, travaillent à la ferme d'un curé propriétaire d'un lot. Ils logent dans un petit hôtel pas cher et font l'écorçage du bois ainsi que le ramassage des souches. En août, à Blueberry Lake, les trois garçons cueillent des bleuets qu'ils vendent à des marchands pendant que Péa travaille dans le bois, à Mace, en Ontario. En septembre, ils vont le rejoindre pour bûcher, jusqu'en janvier. Trop jeunes pour le charroyage du bois sur les chemins de neige, ils doivent revenir à Baker Brook.

Pendant ces longs mois, au pays du Madawaska, Agnès est seule à la maison avec les petits derniers âgés de un à onze ans. Elle a aussi la responsabilité de la ferme. Cela ne l'empêche pas de s'inquiéter encore des grands. Il lui arrive de leur envoyer des mitaines pour les chantiers. Elle avait même peur qu'ils aient froid ! Sur une lettre que Médard lui envoie de l'Ontario, les gouttes de pluie qui font onduler le papier l'inquiètent : son grand Médard, âgé de vingt et un ans, s'ennuie peut-être trop de la maison… Peut-être n'a-t-il pu contenir ses larmes ! Brave et bonne Agnès si fidèle à ces portraits de femmes d'habitants, de vraies pionnières dont on ne dira jamais assez le talent, l'énergie et la force de caractère, sans parler de leur grand cœur.

Les «plus vieux» en Abitibi

Au printemps de 1938, c'est Médard qui, le premier, monte en Abitibi pour s'y installer définitivement et préparer la venue des autres. Le 8 mars, à onze heures, il prend le train pour Québec avec soixante piastres dans ses poches, un bon pécule pour l'époque. Comme il doit passer la journée à Québec, il se rend au bureau de la colonisation pour profiter de la réduction de cinq piastres accordée aux colons sur le billet de train de vingt-trois piastres pour l'Abitibi.

Le train quitte Québec le soir et roule toute la nuit, pour arriver à Val-d'Or vers midi. C'est le terminus, tout le monde descend avec armes et bagages. Comme il n'y a pas encore de rails pour faire demi-tour, le train repart à reculons pour Senneterre.

Squatters *à Dubuisson*

Le 10 mars 1938, Médard s'installe enfin en *squatter* sur un lot, du côté de Dubuisson. Pourquoi Dubuisson ? Parce que c'est central, entre Val-d'Or et

Société d'histoire de Val-d'Or/Collection H. Goyette

En avril 1938, Gérard vient à son tour rejoindre ses frères Médard et Edgard en Abitibi.

Val-d'Or Studio

L'hôtel Val-d'Or en mai 1938.

Malartic. Des gens viennent de partout, du Québec et d'ailleurs, quelques-uns du Nouveau-Brunswick. Ces derniers préfèrent gagner les États-Unis, soit munis d'un permis spécial, soit « à la flye », comme on disait alors. Il y en a cependant beaucoup de la Nouvelle-Écosse, attirés par les mines. À Malartic, ce sont surtout des Polonais. Comme dit Médard, « y en avait autant de nations étrangères comme y avait de Canadiens ».

Les terres de Dubuisson se divisaient en lots. Comme ces lots n'étaient pas encore officiellement concédés, il ne fallait pas s'en absenter trop longtemps. N'importe qui pouvait arriver chez vous et s'y installer. Il fallait toujours que les lots et les cabanes aient l'air occupés, habités. Sinon le risque était grand de trouver quelqu'un d'autre à sa place.

Pendant le temps qu'il lui faut pour construire sa cabane de bois, son « campe », Médard habite chez un voisin. C'est au cours d'une tempête de neige, à la fin de ce mois de mars 1938, un jour qu'il travaille à sa cabane, qu'il voit un petit autobus s'arrêter net devant chez lui. Dans la neige et le vent, il voit descendre un monsieur bien mis, à l'allure distinguée, en habit et portant des gants en peau de cochon ! Edgard ! Il vient rejoindre son frère, mais il n'a que sept piastres dans ses poches !

En avril, c'est Gérard qui vient à son tour retrouver ses frères. Tous trois s'organisent dans le petit « campe » de Médard. Ils fabriquent des lits de fortune avec des branches de sapin et les fameuses couvertures de laine grise à double épaisseur que l'on distribuait aux colons. Une couverture pour s'enrouler et une autre pour recouvrir le sapin.

Le « shack » de Médard

« On a monté notre campe, raconte Médard. Mais là, on n'avait plus d'argent. Moi, j'avais une petite assurance de vingt-cinq piastres qui me revenait. J'attendais après ça pour acheter des vitres et des châssis et du papier pour mettre sur la couverture. On n'avait pas de poêle, ni d'outils. On n'avait rien pour faire à manger. Une bonne journée, c'est arrivé. J'ai acheté un rouleau de papier noir à lambris, j'avais vu ça chez les pauvres. Ça a pas duré longtemps qu'il pleuvait dans le shack. »

Le « shack » de Médard à Dubuisson, 1938.

Edgard, Gérard et Médard à Dubuisson, 1938.

Il poursuit : « Une journée, notre cousin de rivière Héva arrive. Y étaient six dans l'auto. C'était un dimanche après-midi. Y entrent dans le shack, qui avait douze pieds par (*sic*) quatorze. Nous autres, on était trois et eux autres, y étaient six. On était neuf là-dedans ! Tout à coup, y commence à tonner et à éclairer. Moi, j'parlais plus. Eux autres, y parlaient. De temps en temps, y disaient : "On va s'en aller." Moi, j'me disais : "S'y peuvent sacrer leur camp !" Toujours est-il qu'y sont partis avant qu'y mouille. J'vous dis que j'étais content. On a toujours un certain orgueil. »

L'occupation des lots

Peu de temps après, pour occuper son lot, Edgard se bâtit à son tour une cabane. Mais elle sert d'abord d'écurie au cheval qu'il achète avec Médard, car ils habitent encore ensemble. Chacun cultive sa terre. Le lot de Médard a quarante-neuf acres et celui d'Edgard, un lot traversé par une ligne de transmission, en a quarante-sept. Mais la terre d'Edgard est la plus belle. De la bonne terre brune. C'est qu'il a déjà l'âme d'un cultivateur. Il y sème toutes sortes de légumes qu'il vend plus tard au marché.

Gérard choisit son lot à l'entrée du village. Pour se l'approprier officiellement, et comme l'exigent les devoirs du colon, lui aussi y construit d'abord une cabane tout en travaillant un peu sur sa terre. Mais il n'a ni l'âme ni le cœur à l'agriculture. Il comprend sans doute assez vite que son avenir est ailleurs. Chaque fois qu'il le peut, il préfère confier le travail de la terre à un employé, quitte à le rémunérer jusqu'à cinquante cents par jour.

En mai 1938, quelques semaines après leur arrivée, les frères Saucier sont embauchés par la Voirie pour creuser des fossés à quarante cents par journée de huit heures. Le problème, c'est qu'ils ne seront payés qu'à la fin du contrat, en septembre suivant, et qu'ils n'ont pas d'argent pour se nourrir. Or le crédit, à Dubuisson, est impossible ; il faut payer comptant. Trop de familles, venues tenter leur chance, ont mangé à crédit, pour disparaître un peu plus tard, ni vu ni connu. L'épicier ambulant de Val-d'Or trouvait un beau matin la cabane vide.

Comment, dans ces conditions, les trois frères allaient-ils s'alimenter ? Heureusement, un « gars de la place » s'offre à les cautionner et dit à l'épicier : « S'ils te paient pas, moi je te payerai. » Au bout de quatre mois, le salaire arrive en même temps que la facture d'épicerie.

L'hiver venu, Péa monte rejoindre ses fils et, pendant quelque temps, ils bûchent ensemble. Mais après avoir charrié le bois jusqu'au chemin, ils ne peuvent le vendre qu'à l'automne.

On est en 1939. Bien loin de l'Abitibi, à l'est, grondent les rumeurs d'une nouvelle guerre, des rumeurs obsédantes qui vont se mêler à leur destin. Le rideau se lève pour une tragédie sur la scène mondiale.

CHAPITRE

4

Les années d'aventure

La recherche du travail

À l'été 1939, les frères Saucier sont installés à Dubuisson dans le petit « campe » de Médard. Toujours à la recherche de travail, ils se débrouillent pour trouver des contrats partout dans les alentours.

Certains jours, ils n'hésitent pas à marcher huit milles pour trouver du travail à la mine. Les contremaîtres, les *boss*, engagent sur le tas. Parmi les dizaines de travailleurs qui attendent chaque matin à la barrière, ils choisissent d'après la carrure, la robustesse apparente et la solidité des poings. La langue parlée est aussi un critère : de préférence celle du patron... On privilégie également ceux qui ont travaillé dans les mines de la Nouvelle-Écosse.

De taille moyenne, Gérard rentre souvent bredouille : son aventure ne semble pas devoir se réaliser de ce côté-là. À Malartic, il trouve du travail dans la construction à la mine Eastman, à trente-cinq cents l'heure. Pour conserver son statut de colon, il a son lot et y entretient quelques poules « maigres comme des pics-bois », selon l'expression imagée de Lorraine Landry qui, avec son mari Pierre, habite non loin de la cabane de Médard, sur la route de Dubuisson.

La guerre est déclarée

En cette dernière année de la décennie 1930, bien des choses allaient changer. Les événements devaient se bousculer d'une manière aussi radicale qu'imprévue.

À la fin de cet été-là, le 2 septembre 1939, très loin de l'Abitibi, de l'autre côté de l'Atlantique, Adolf Hitler lance ses légions blindées sur la Pologne, après avoir attaqué l'Autriche et la Yougoslavie. Le 3 septembre, la France et l'Angleterre déclarent la guerre à l'envahisseur.

Quelques jours plus tard, le 10 septembre, après un bref débat, le Parlement du Canada déclare à son tour la guerre à l'Allemagne. Au Québec, à la ville comme à la campagne, le spectre d'un nouveau conflit alimentait depuis quelque temps les conversations. Les journaux et la radio rapportent dans les maisons les échos des batailles européennes.

À Ottawa, l'augmentation du budget de la défense a suscité de vives réactions. L'éventuelle participation du Canada à des affrontements extérieurs est devenue un enjeu majeur des discours politiques. Le Canada prendra-t-il part, avec la Grande-Bretagne, à cette guerre que l'on pressentait toujours plus menaçante ?

Tout le monde se rappelle les horreurs de la Grande Guerre 1914-1918 qui a divisé le pays et coûté la vie à tant d'hommes. Le fantôme de la conscription réapparaît : personne n'a oublié le débat qui, en 1917, choqua la population et entraîna des déchaînements de violence.

Les inquiétudes sont entretenues depuis longtemps par les journaux. L'Italie s'est attaquée, avec le Duce Mussolini, à la conquête de l'Éthiopie dès 1935. Le fascisme peut sembler à quelques-uns une solution possible aux désordres sociaux et aux maux engendrés notamment par la crise économique mondiale des années 1930. Certains, dont les catholiques de droite, ne sont pas insensibles à la question.

Les Canadiens et la guerre

Cette guerre de l'Italie soulève la question de la participation éventuelle du Canada aux grands conflits mondiaux. Pour les Canadiens français, la guerre éthiopienne est d'abord une vieille querelle coloniale anglo-italienne : des heurts entre deux impérialismes qui ne les concernent pas. Mais la presse canadienne-anglaise de Montréal, elle, au contraire, affirme qu'on ne peut se désintéresser de l'avenir de la Grande-Bretagne et que si cette dernière est en guerre, le Canada l'est aussi.

Les idées s'affrontent, les esprits s'échauffent. Au Canada français, on veut se convaincre que le pays est dorénavant un pays libre de droit et que jamais plus il n'aura à partir en croisade en participant « de force » à un conflit étranger. Même les modérés qui défendent une position neutraliste, bienveillante vis-à-vis des pays amis belligérants, se montrent fermes face à l'engagement obligatoire. Des tendances extrémistes commencent à se manifester.

Les rapports sur la situation internationale inquiètent. Des réfugiés politiques, beaucoup de juifs persécutés, ont commencé à fuir les horreurs nazies et à émigrer de ce côté-ci de l'Atlantique. Par ailleurs, plus d'un millier de volontaires canadiens qualifiés d'idéalistes, disait-on, se sont engagés pour aller combattre le fascisme de Franco en Espagne.

Le Québec s'enfonce dans un climat de pessimisme et de mécontentement. Le peuple souffre et demande du pain. Les questions de l'heure, ce sont avant tout le secours direct, la misère et le chômage. De l'argent, il n'y en a pas et il n'est guère possible de trouver du travail.

Des promesses d'élection

Ces problèmes cruciaux, les conservateurs n'ont pas su les résoudre : la crise les a complètement discrédités. Aussi, quand arrivent les élections au Parlement d'Ottawa, le soir du 14 octobre 1940, le peuple canadien élit avec une très forte majorité un gouvernement libéral, avec à sa tête William Lyon Mackenzie King. Les libéraux, qui tiennent du Québec le tiers de leur députation, s'engagent à ne pas imposer la conscription pour service outre-mer.

Au Québec, en cette année 1939, l'Union nationale de Maurice Duplessis est au pouvoir. Elle a triomphé trois ans plus tôt dans 76 des 90 circonscriptions électorales. À la fin de septembre, dénonçant les empiètements du fédéral dans des domaines de compétence provinciale, le premier ministre annonce la tenue d'élections générales pour le 25 octobre.

À la surprise générale, c'est le Parti libéral, dirigé par Adélard Godbout, qui, avec l'appui des libéraux fédéraux et spécialement d'Ernest Lapointe, remporte le scrutin. Duplessis à qui est reprochée sa connivence avec les *Tories* est donc chassé du pouvoir.

La menace de la conscription

Leur victoire, les libéraux de Godbout la doivent largement à leur engagement solennel de s'opposer à la conscription pour service outre-mer. Cette menace se fait de plus en plus sentir. Dès la fin de l'été 1939, au Canada, quelques jours avant que les Allemands n'envahissent la Pologne, des miliciens de la réserve sont rappelés pour veiller sur certaines parties stratégiques du territoire canadien.

Répondant à l'appel de la milice rebaptisée « Armée canadienne », voire à sa propagande bien orchestrée, des chômeurs s'enrôlent volontairement au plus proche manège militaire, le bureau de recrutement. Les volontaires commencent à former des régiments. Mais la crainte que le service outre-mer ne devienne obligatoire à court terme agite, divise et inquiète le Québec toujours massivement opposé à ce qu'il considère comme une séquelle du colonialisme britannique.

La mobilisation des ressources nationales

L'année 1940 est cruciale. Le 10 juin, l'Italie déclare la guerre à la France et le 14, les Allemands entrent dans Paris. Au Canada, le premier ministre King fait voter la mobilisation générale : la Loi sur la mobilisation des ressources nationales (LMRN) accorde au gouvernement des pouvoirs considérables en matière de recrutement.

Cette loi ne visait que la défense du territoire canadien, mais une telle intervention étatique, par son autoritarisme centralisateur, amène un cortège de conséquences : décrets, réquisitions, censure, contrôle des personnes, internement sans procès. Des rumeurs commencent même à circuler : on parle d'arrestations, de perquisitions.

Sont tenus de s'enregistrer les hommes et les femmes de seize à soixante ans. Par étapes, et à partir de listes constituées, le gouvernement mobilisait ainsi des groupes d'hommes, les célibataires et les plus jeunes, puis les hommes mariés. D'abord pour une période de trente jours, qui pouvait par la suite durer quatre mois.

En octobre 1941, le service militaire obligatoire devient permanent pour certaines classes d'âge : c'est le Service sélectif national. Si le volontariat prévaut toujours, en principe, pour le service outre-mer, en revanche, une armée de conscrits risquent de recevoir l'ordre de s'embarquer. Un conscrit est soumis à la loi militaire. Il faut s'inscrire sous peine d'arrestation. La pression, la propagande, le lavage de cerveau, dit-on, amènent certains « volontaires », une fois inscrits, à s'engager dans les corps expéditionnaires et à se retrouver de l'autre côté de l'Atlantique.

Les opposants en prison

Il est bien dangereux de s'opposer à cette loi de l'enrôlement obligatoire même contestée ouvertement par des centaines de citoyens. Les opposants sont alors considérés comme nazis, fascistes ou communistes. Certains sont emprisonnés. Camilien Houde, maire de Montréal, un grand ami de la communauté italienne de Montréal, bravant la Loi des mesures de guerre, veut donner l'exemple à ses concitoyens : « Le courage, déclare-t-il, c'est de résister à cette inscription nationale ! » En d'autres mots, il invite ses concitoyens à refuser la sujétion à l'Empire britannique. Il le paiera par quatre ans de prison…

Dès 1941, l'atmosphère est au conflit et aux dissensions. Le 22 janvier 1942, à Ottawa, le discours du trône annonce la tenue prochaine d'un plébiscite sur la conscription. Le gouvernement fédéral veut être délié des promesses qu'il a faites aux électeurs en 1939.

Or, la seule mesure qu'il n'a pas encore votée, c'est la conscription pour service outre-mer, le service obligatoire des jeunes Canadiens pour les champs de bataille de l'Empire, dont l'Afrique et l'Océanie. Comme en 1917 ! Jusque-là, tout a déjà été voté et réalisé : l'enregistrement national, le service militaire obligatoire prolongé et l'envoi de troupes volontaires en Angleterre, même à Hong-Kong. Reste un seul enjeu : la promesse du premier ministre King.

Une campagne référendaire

Une vaste campagne référendaire est alors déclenchée, qui met à nu une oppositon viscérale entre les Canadiens français et les Canadiens anglais. Même les libéraux sont divisés entre eux sur la question. Maxime Raymond, député dissident quoique néanmoins fédéraliste convaincu et ardent défenseur de la Confédération, se retrouve bientôt à la tête d'un nouveau parti : le Bloc populaire canadien. La lutte est dure, le ton, souvent odieux. Des opposants au Bloc vont jusqu'à alléguer la lâcheté congénitale du Canadien français, même son racisme !

D'un côté les tenants du « oui », de l'autre, ceux du « non ». L'opposition est radicale, souvent mesquine. *This is an English country. These French Canadians should speak english.* (Ce pays est anglais. Les Canadiens français devraient tous parler anglais.) On se qualifiait d'antisémites, de colonialistes, de traîtres. Bref, on s'accusait de tous les maux.

Le gouvernement est délié de sa promesse

C'est le 7 décembre 1941 que les États-Unis déclarent la guerre au Japon, à l'Allemagne et à l'Italie, après avoir été attaqués à Pearl Harbor. Quelques mois plus tard, le 27 avril 1942, près de trois millions de Canadiens acceptent de délier le gouvernement de sa promesse, tandis qu'un peu plus d'un million et demi votent pour le contraire. Les électeurs anglophones sont d'accord à quatre contre un et les Canadiens français s'y opposent dans la même proportion. Le clivage est ainsi très net entre le pour et le contre. L'organisation de la société canadienne-française se trouve fortement ébranlée par la crise, d'où le renforcement d'un certain sentiment nationaliste. La menace de la conscription se fait toujours plus lourde. Dans la mentalité populaire, ce n'est plus qu'une question de temps. Mais le Canada français refuse de se laisser bousculer.

King affronte donc un pays et un cabinet divisés. Avec sa formule « Pas nécessairement la conscription, mais la conscription si nécessaire », il essaie de gagner du temps. Par une attitude conciliante, il tente de composer avec les forces et les passions en présence.

Le Service sélectif national

En 1942, la plupart des Canadiennes et des Canadiens se trouvent donc assujettis au Service sélectif national. En septembre, même les jeunes femmes doivent s'inscrire. Par ailleurs, aucun homme valide de dix-sept à quarante-cinq ans n'a le droit, par exemple, de conduire un taxi, de vendre des immeubles ou d'aider à produire de la bière, des jouets, des articles de sport ou tout autre bien non essentiel et une liste interdit de nombreuses activités courantes.

À partir de 1942, il est obligatoire de donner un préavis d'une semaine au Service sélectif national avant de quitter son emploi, et, même, avant d'être congédié ! C'est le Service sélectif national qui dicte les postes et dans quelles conditions les Canadiennes et les Canadiens doivent travailler.

Le gouvernement fait de plus en plus état de l'appel à la guerre totale. Tous et chacun sont étroitement surveillés par une police militaire efficace, qui a même préséance sur le contrôleur du Canadien National pour ceux qui voyagent en train.

Le débarquement de Dieppe

À l'été de 1942, l'état-major des troupes alliées décide de tenter une opération militaire en France à partir de la Grande-Bretagne. Le 19 août, c'est le tristement célèbre débarquement de Dieppe, une tentative désastreuse, le piège mortel de Puys sur les côtes normandes. « Un résultat qui ne pouvait être autre », disent ceux qui connaissent ces hautes falaises hérissées de défenses, avec cette plage de galets instables où les tanks restent bloqués. Dans un raid vite repoussé par les Allemands, l'armée canadienne perd près de 3000 hommes, 907 tués et 1946 prisonniers ! Chez les Alliés occidentaux et chez les Russes, cet échec fera vaciller pendant longtemps l'espoir d'un autre débarquement tandis que le moral des Allemands se trouve regonflé.

Au Canada, on parle de ce débarquement amphibie comme d'une opération hasardeuse. Les pertes choquent la population. On critique le piètre état de préparation des soldats. Tragédie, catastrophe, mauvais sort. Consternation. L'événement fait grand bruit au Québec, qui y laisse beaucoup de ses fils. La menace de la conscription n'en paraît que plus terrible et inacceptable.

Le conscrit Gérard Saucier

Depuis leur arrivée en Abitibi, les frères Saucier ont beaucoup entendu parler de la guerre. À Dubuisson, à l'automne 1939, Péa s'inquiétait déjà pour ses fils. Il n'avait pas oublié la Grande Guerre, avec ses morts et ses mutilations. Elle a éclaté quelques mois après son mariage. S'il n'avait pas été marié et responsable de la terre, il aurait été appelé.

Aujourd'hui, cinq de ses fils risquent de lui être enlevés par l'armée. Mais Médard et Edgard, toujours à Dubuisson et reconnus comme colons responsables de leur terre, sont exemptés, ce qui ne les empêche pas de demeurer inquiets.

Gérard, lui, reçoit l'appel suivant : « Par proclamation de Son Excellence le Gouverneur général, vous avez été appelé pour l'instruction militaire. Conformément aux Règlements de 1940 sur les Services nationaux de guerre (Recrues), vous avez subi l'examen médical et avez été reconnu apte à l'instruction militaire. En conséquence, il vous est par les présentes enjoint de vous présenter le jeudi, 8 janvier 1942, au Centre d'instruction militaire situé à Joliette. » C'est ce qu'il fait.

Matricule D-606640

D'après les photos de l'époque montrant Gérard en uniforme en compagnie d'autres soldats, la vie militaire n'a pas l'air de trop lui peser. Il sourit et il porte fièrement son costume. Le calot militaire lui donne de l'allure. Étant donné son goût de la discipline, on peut croire que la vie réglée et rangée de l'armée convient à son tempérament. Le jeune fusilier est rattaché à la base militaire de Farnham, ville du sud de Montréal. Atteint d'une mauvaise grippe, il fait un séjour à l'hôpital militaire,

FORMULE D'ENRÔLEMENT

\# matricule : D-606640

Adresse actuelle : Dubuisson, Pontiac

Profession ou emploi : Colon

Préférence pour la marine ? Non

Préférence pour l'armée de terre ? Non

Préférence pour l'aviation ? Oui

Date : 8 janvier 1942

Centre d'instruction (C.I.) élémentaire : Joliette 8.01.42

Versé au C.I. supérieur # A12 à : Farnham 11.03.42

École secondaire : 8e année

Graduation : Non

Collège : École de Baker Brook, N.-B.

Langues : français-anglais, parlé-écrit

Savez-vous conduire une automobile ? Non

Savez-vous réparer un moteur ? Non

Expérience culinaire : Oui

Passe-temps favori : Sports

08.01.42	Joliette	
11.03.42	Farnham	
20.03.42	Farnham military hospital	
06.04.42	Discharged from Farnham military hospital	
13.05.42	Fusiliers de Sherbrooke	endroit : Farnham
14.05.42	Fusiliers de Sherbrooke	endroit : Sherbrooke
16.07.42	Jours de furlough	endroit : Sherbrooke
29.07.42		endroit : Farnham
06.08.42	A.W.L. from 2300 hrs	
08.08.42	" " " (8 days)	endroit : Farnham
01.10.42	" " "	endroit : Debert, N.S.
07.10.42	A.W.L. WEF 2350 hrs	endroit : Debert, N.S.
04.10.42	" " "	endroit : Debert, N.S.

Avec le calot militaire, en 1942.

La vie militaire ne semble pas lui peser, été 1942.

En costume militaire,
accompagné de sa mère Agnès (à gauche)
et de sa tante Laura,
printemps 1942.

du 20 mars au 6 avril 1942. Le 13 mai, Gérard Saucier, matricule D-606640, est affecté à l'infanterie des Fusiliers de Sherbrooke.

La belle jeune fille de Parent

Pendant son service militaire à Farnham, Gérard prend parfois le train pour aller voir ses frères à Dubuisson. Le voyage dure plusieurs heures et souvent les mêmes personnes se rencontrent, qui font l'aller-retour vers les grands centres. Le hasard fait qu'une jeune femme, qui va de temps en temps à Québec avec ses sœurs ou sa mère, remarque ce beau jeune homme portant l'uniforme de soldat. Leurs regards se croisent à quelques reprises, et ni l'un ni l'autre ne semble indifférent. La jolie demoiselle habite Parent et s'appelle Yvette Thiffault.

Or le train s'arrête à Parent, un petit village de la Haute-Mauricie bâti sur la ligne de chemin de fer du Canadien National. Ce bref arrêt du train est l'événement de la journée. Les passagers descendent au restaurant de la place et les jeunes vont se mêler aux passagers, histoire de voir du monde. C'est une occasion de plus pour la jeune Yvette d'admirer son beau militaire.

Elle l'aperçoit une dernière fois à la fin de l'été 1942. Puis, elle le perd de vue pendant plusieurs mois ; il n'est plus dans le train, ni à l'arrêt de Parent. Si le destin semble vouloir réunir les cœurs de ces deux jeunes gens, le cours des événements, en revanche, va leur compliquer quelque peu la tâche.

En permission à Baker Brook

À la fin de l'été, en septembre 1942, le jeune soldat rend visite aux siens à Baker Brook. Il est en congé de permission, un *furlough*, comme on disait dans le jargon militaire. Jean-Claude, son jeune frère, est retenu à la maison après une opération à l'appendice. Il se souvient encore très bien du passage de son grand frère. Il était si impressionné par son bel uniforme kaki ! Tout le monde se réjouit de le voir, en même temps que l'inquiétude est grande : c'est comme s'il venait faire ses adieux avant de partir « de l'autre côté ». Pour sa famille, le jeune conscrit appartient à l'armée. On craint qu'il ne doive obéir à la loi militaire.

Agnès se fait du mauvais sang. Une guerre mondiale n'est pas un enjeu significatif et l'équilibre international, surtout pour les gens des campagnes et des forêts, ne mérite pas qu'on lui sacrifie ses enfants. Elle se souvient de ceux qui, en 1917, sont partis dans les vieux pays avec la milice canadienne pour aller se battre *overseas*. Comme dans les cimetières d'Europe, on trouve dans le Bas-du-Fleuve beaucoup de familles dont le nom d'un fils est gravé dans la pierre : « Ils sont tombés au champ d'honneur et le Canada honore éternellement leur glorieuse mémoire. » Il y avait eu la conscription.

Le destin veille

L'idée de déserter commence-t-elle à germer dans l'esprit de Gérard ? Le climat anticonscriptionniste l'a-t-il atteint ? Les circonstances, ou le destin, semblent lui suggérer des solutions. Dans la ville voisine d'Edmundston, un jeune homme est mort dans un accident de train le printemps précédent. Il s'appelait Rosaire Soucy, il avait l'âge de Gérard Saucier. Il était de même taille. Sa carte d'identité convenait en tout point au jeune soldat. Jean-Paul, frère de Gérard, connaissait bien sa veuve qui lui offrait ses papiers.

Déjà, quelques régiments de volontaires sont partis et les nouvelles ne rassurent personne. Le débarquement de Dieppe fait la une des journaux à la fin de l'été 1942. Gérard a la possibilité de choisir : prendre les papiers de Rosaire Soucy, changer son identité et échapper ainsi à l'armée et à une conscription qui paraît inévitable.

Un choix difficile

Sans doute n'est-il pas insensible à ce qui se passe en Europe et à ce qu'il entend autour de lui. Beaucoup choisissent de partir avec les régiments de volontaires. C'est l'aventure, la bravoure. De quel côté se trouve l'inconscience ? La menace de conscription en fait déserter plusieurs. On se cache dans les bois, un choix qui comporte aussi sa part de difficultés : une autre forme d'aventure. La guerre, c'est le risque de se faire tuer, mais aussi l'obligation de tuer, sans trop savoir pourquoi. Chez Gérard, le refus, humaniste, d'avoir à tuer son semblable s'ajoute peut-être à sa réflexion.

Le jeune soldat n'ignore pas la crise anticonscriptionniste qui agite le Québec, ni le combat que mène une majorité de Canadiens français. Chez lui, la parole donnée reste sacrée. Les débats politiques du printemps ont laissé un goût amer chez les Canadiens français : comme beaucoup de ses compatriotes, se serait-il senti trahi par un Parlement canadien qui renie sa promesse ?

Le déserteur

Après mûre réflexion, Gérard choisit de tourner le dos définitivement à l'armée, de *jumper*, neuf mois après son enrôlement. Le 5 octobre 1942, il ne se présente pas à Farnham. Le matricule D-606640 des Fusiliers de Sherbrooke, Gérard Saucier, a disparu. Le 2 novembre 1942, son absence illégale est enregistrée par une cour martiale de Debert, en Nouvelle-Écosse. On le considère comme déserteur. Il est fiché.

> 04.11.42 Having been declared by a court of inquiry held at Debert, N. S. on the 2nd Nov. 42 to have been illegally absent since 2350 and to have deficiencies in kit and equipment amounting to $27.16.
>
> DESCRIPTION OF A DESERTER
> Regimental No D- 606640 Rank Fusilier
> Unit Les Fusiliers de Sherbrooke
> Date 2350 hrs 05.10.42
> Place originally taken on strength: Joliette 08.01.42
> Height: 5'8" eyes: bruns hair: noir

Une nouvelle identité

Gérard Saucier refait surface dans la vie avec un nouvel état civil : il circule avec les papiers et dans la peau de Rosaire Soucy. Dorénavant, quand il se retrouve avec ses frères, on ne devra jamais oublier qu'il est devenu un cousin…

Avec ses nouveaux papiers, il parvient à déjouer les contrôles et trouver du travail à Sorel, dans les chantiers maritimes, où il séjourne quelques semaines. Il est ensuite ouvrier à La Tuque, dans un chantier de construction. Plus tard, il est garde-feu à Dessaine.

Son frère Jean-Paul, de neuf ans son cadet, quitte Baker Brook pour venir faire chantier avec lui, à Sanmaur, dans la Haute-Mauricie. Puis Gérard travaille chez un certain monsieur Marchand, contracteur de bois à pâte de Saint-Tite, au ruisseau Bourdet.

Comme tous ceux, d'ailleurs fort nombreux, qui ont quitté illégalement l'armée, Rosaire Soucy doit toujours rester sur ses gardes. Il lui faut sans cesse prendre des dispositions pour éviter d'être repéré. La police militaire et les nombreux contrôleurs vérifient très souvent leurs listes. Ses faux papiers et sa nouvelle identité lui rendent sans doute la tâche plus facile. Mais il croise des hommes qui peuvent le reconnaître, lui, Gérard Saucier. La dénonciation est alors monnaie courante et, même, payante…

Une enveloppe inquiétante

Gérard Saucier, alias Rosaire Soucy, réussit à entretenir une correspondance régulière avec sa famille, au Nouveau-Brunswick autant qu'à Dubuisson. Un beau matin, une enveloppe arrive à la maison de Baker Brook. Les multiples estampilles enchevêtrées paraissent bien curieuses à Agnès et l'inquiètent au plus haut point. La lettre s'est mystérieusement et dangereusement promenée. Avant d'aboutir au Nouveau-Brunswick, elle a transité par Ottawa et par des lieux qu'elle ne parvient même pas à identifier. C'est la panique. Encore aujourd'hui, Marie-Mai, sœur de Gérard, se remémore en pleurant la scène à laquelle elle a assisté.

La mission de Zoël à Clova

Agnès ramasse ses petites économies et confie une mission à son fils Zoël, alors âgé de dix-neuf ans. Le soir même, il prend le train pour le chantier de Clova, où Gérard est bûcheron. Il l'avertit de ne plus écrire à Baker Brook. Il lui dit que, selon toute vraisemblance, il est surveillé, peut-être même repéré. Il faut donc être plus prudent que jamais.

Puis Zoël gagne Dubuisson pour raconter la chose à Médard et Edgard, et pour leur dire que leur mère est très inquiète. Pendant l'année 1943, Gérard n'écrit plus à Baker Brook. Les nouvelles doivent désormais passer par Dubuisson, chez les Landry.

CHAPITRE

5

Le mariage à Parent

La rencontre de Gérard et d'Yvette

C'est au printemps de 1944 que Gérard Saucier, autrement nommé Rosaire Soucy, après une série de petits contrats, arrive à Parent. Il fait de la drave, pour l'International Paper, grande société papetière dont la filiale canadienne est la CIP, ou la Canadian International Paper.

Le samedi soir, les hommes quittent les chantiers pour revenir à Parent, dans leurs pensions. En arrivant, il faut passer devant la maison des Thiffault, située entre la compagnie Eddy et la CIP, au milieu du village. Maurice Thiffault, ingénieur de locomotive, a onze enfants, dont cinq jolies filles : Yvette, Paulette, Mance, Suzanne et Laurette.

Un jour de mai 1944, voilà que la jeune Yvette croit apercevoir le beau soldat qu'elle avait souvent croisé dans le train lors de ses voyages à Québec. Dès qu'elle le reconnaît, depuis la fenêtre d'une chambre d'en haut, elle prépare un scénario. Elle descend balayer la galerie, ce qui lui permet d'entamer la conversation le plus naturellement du monde. Tout se passe bien, mieux encore que prévu. C'est que le jeune homme, semble-t-il, a déjà repéré la jeune fille : il vient précisément se présenter chez elle.

Dans les mois suivants, il prend très vite le goût de revenir chez les Thiffault. Mais les parents n'apprécient guère ce cavalier. Ils entretiennent plutôt à son égard une suspicion certaine. D'abord, ils le trouvent un peu âgé. À vingt-huit ans, qui sait s'il n'est pas déjà marié. De plus, c'est un ancien soldat sans métier. Monsieur Thiffault rêve d'un meilleur parti pour sa fille aînée. Un jeune homme qui ait une belle situation. Par exemple, un employé des chemins de fer occupant un poste stable et bien rémunéré.

La guerre continue

Pendant cet été-là, de juin à août 1944, les pertes subies par l'armée canadienne commencent à dépasser les renforts préparés pour l'Europe et qui sont prêts à partir. Le ministre de la Défense nationale, au retour d'une visite de l'armée en Angleterre et en Europe, déclare qu'on devrait envoyer « de l'autre côté » les soldats entraînés qui acceptent « volontairement » de quitter les rangs de la force de défense nationale. Pour ce ministre, il fallait envoyer ces 60 000 hommes en Europe.

Quant au premier ministre Mackenzie King, il cherche par tous les moyens à contourner la difficulté : il veut éviter de voter la conscription pour le service outre-mer. La situation ressemble trop à celle de 1917. Le Parlement connaît à ce moment-là une véritable crise. Le ministre de la Défense nationale démissionne le 1er novembre. On reconnaît en définitive la nécessité d'envoyer 16 000 hommes en Europe, même si la « conscription » n'en devient pas encore pour autant applicable d'office.

Le projet de mariage

Après quelques mois de fréquentation, comme les jeunes amoureux Gérard et Yvette « s'adonnent » bien, ils ont commencé à parler de leur projet de mariage. À la grande et audacieuse demande du prétendant, le père de la jeune fille répond par la non moins traditionnelle question : « Monsieur, allez-vous être capable de faire vivre ma fille ? »

Le ton autoritaire et l'œil sévère de monsieur Thiffault n'en imposent pas trop à son interlocuteur. Mais le jeune Rosaire se rend compte que la partie ne sera pas facile. Et madame Thiffault, malgré sa gentillesse et sa grande douceur, n'a pas l'air enthousiaste non plus. Yvette, en dépit du respect dû à sa mère, la soupçonne d'avoir écrit à la paroisse pour obtenir des renseignements plus précis sur son amoureux. Bref, un certain malaise règne chez les parents Thiffault.

La fin de la guerre

Les journaux et la radio livrent chaque jour des nouvelles de la guerre. Les combats ont cessé en Europe. Depuis le 8 mai 1945, l'Allemagne a capitulé sans condition et la reddition prochaine du Japon ne fait plus de doute. La première bombe atomique, horrifiante, larguée le 6 août par l'aviation américaine, détruit presque entièrement Hiroshima. Trois jours plus tard, c'est Nagasaki.

Le 14 août, la Seconde Guerre mondiale est enfin terminée. L'Allemagne est un champ de ruines, le drapeau rouge flotte sur le Reichstag et Hitler s'est suicidé. La coalition des Alliés a gagné. La victoire est un immense soulagement. Les Canadiens qui ont survécu rentrent chez eux. Même si tout le monde commence à mieux respirer, les temps restent difficiles.

Gérard Saucier porte toujours son nom de Rosaire Soucy, auquel il s'est tant bien que mal habitué. Si la guerre est finie, l'armée continue à régler ses comptes avec les soldats trouvés coupables de désertion. Car les possibilités d'amnistie n'existent pas encore.

Le premier contrat

Au printemps de 1945, Gérard, alias Rosaire Soucy, obtient son premier véritable contrat. Il est engagé comme « chaudron », c'est-à-dire petit sous-traitant, par le grand entrepreneur de la compagnie John Murdoch, le fameux Jean-Baptiste Lebel, personnage bien connu en Abitibi.

Pour cet homme de vingt-huit ans, voilà une chance en or et un vrai défi. « Le bonhomme Baptiste l'haïssait pas », se plaît encore aujourd'hui à répéter son cuisinier d'alors, Robert Ouellet. Le « père Lebel », comme on l'appelait familièrement, aurait dit à Gérard, dans la belle langue de nos aïeux : « J'vas prendre une chance su toué. »

Le chantier qui lui est confié se trouve près de Clova. C'est au millage 40, c'est-à-dire quarante milles à l'ouest de Parent. Avec son frère Médard, Gérard construit son « campe ». Il devine sans doute que ce contrat-là sera le premier d'une longue série et il est bien décidé à le réussir.

La grande demande

Poussant encore l'audace, il en profite pour demander formellement à monsieur Thiffault la main de sa fille Yvette. Le mariage est fixé au 5 septembre, en l'église de la paroisse Saint-Thomas-de-Parent. Monsieur et madame Thiffault acceptent bien malgré eux que leur fille épouse ce Rosaire Soucy qui ne leur inspire guère confiance. Davantage pour le pire que pour le meilleur, leur semble-t-il.

Un « boss » trop regardant

Au chantier du millage 40, pour nourrir ses soixante hommes, Gérard doit s'organiser. Il lui faut pouvoir compter sur un cuisinier fiable, qui restera au camp pendant son absence. Le père Lebel lui présente donc Robert Ouellet, qui lui promet de rester au poste jusqu'aux fêtes. Ancien commis de banque, ce *cook* de vingt-quatre ans, « ni héros ni zéro », comme il se décrit lui-même, a lui aussi ses raisons de vouloir échapper aux contrôles de l'armée, et les chantiers sont l'endroit tout désigné pour ce faire.

Pendant ces années de restrictions, les bons cuisiniers ne courent pas les rues. La tâche est ardue. Avec les rationnements imposés par la guerre, il est difficile de cuisiner. Quand on manque de sucre, de farine et de viande, il faut allonger la mélasse avec de l'eau et épaissir les sauces avec beaucoup de *cornstarch*. Le beurre, on n'en parle pas. Même la graisse alimentaire végétale est rare !

Réussir trente tartes, un gros gâteau de trois pieds sur quatre, des galettes, de la soupe et tout le reste, cela tient presque du miracle.

C'est un tour de force qui décourage bien des *cooks*. Robert Ouellet y arrive de peine et de misère. Il se souvient encore de s'être plaint au contremaître responsable de l'embauche, le *foreman* Médard Saucier, de ce que son *boss* Rosaire Soucy soit trop « gratteux » sur les matières premières ! À la fin de la *run*, comme on désigne alors la durée du travail en forêt, quand il a appris que ce Soucy était en réalité le frère du *foreman* Saucier, il s'est senti penaud.

Pour le meilleur et pour le pire

Le mariage d'Yvette et de Rosaire a lieu le 5 septembre 1945, à cinq heures du matin. Cette heure matinale s'explique par les contraintes du train, qui passe à Parent à six heures quarante-cinq. Comme il faut être à jeun depuis minuit pour aller à la messe et communier, un déjeuner doit être servi chez les parents de la mariée avant de s'embarquer pour Val-d'Or.

Les invités se rendent à l'église à la barre du jour. La petite église est bondée. Les quatre invités de la famille Saucier, Pierre et Lorraine Landry, Gaby et Edgard Saucier, sont arrivés de Dubuisson la veille par le chemin de fer. Ils se sont levés à quatre heures du matin et ils sont bien surpris de voir tant de monde à pareille heure.

Médard, le frère aîné, se trouvait au millage 40 où il s'occupait du chantier. Les parents Saucier, Péa, Agnès, les frères et sœurs de Gérard étaient restés à Baker Brook. Ce matin-là, c'est Rosaire Soucy qui se mariait.

Le scénario du mariage Soucy-Thiffault ne manque pas de suspense. Rosaire a parlé autour de lui de son frère Edgard Saucier qui viendrait de Dubuisson pour lui servir de père, comme on désignait alors le témoin. Cette confusion a entraîné quelques rumeurs. On chuchotait, des bruits couraient sur la double identité du marié.

Gérard et Yvette devant l'église de la paroisse Saint-Thomas. Parent, septembre 1945.

Gérard et Yvette, 5 septembre 1945.

Au mariage de Gérard et d'Yvette, le 5 septembre 1945. Edgard Saucier, Gérard (alias Rosaire Soucy), le curé Joseph Cailler, Yvette et son père, Maurice Thiffault.

Un climat de mystère

Mais le curé est de connivence avec les mariés. Il sait l'histoire de la double identité de Gérard. Pendant la guerre, il n'était pas rare qu'un jeune homme change de nom pour échapper au contrôle de la police militaire. Les jeunes mariés savent qu'ils pourraient compter sur lui. Ainsi, le bon curé a-t-il prononcé mollement le nom de Saucier le plus souvent possible, ce qui fait que le nom entendu ressemblait à Soucy.

Tous les bancs sont occupés. Outre le fait que les Thiffault sont nombreux et que le père de la mariée est bien connu, d'après Lorraine Landry, c'est la rumeur de la double identité du marié qui attire tous les curieux du village. Dans ce petit coin perdu au milieu de la forêt, cette histoire prend des allures de roman policier.

Quel nom le curé Joseph Cailler va-t-il prononcer au moment solennel ? À qui demandera-t-il s'il prend Yvette Thiffault comme épouse ? À Rosaire Soucy ou à Gérard Saucier ? Et le père d'Yvette, le sévère Maurice Thiffault, connaît-il le véritable nom de son gendre ? Ces incertitudes créent un climat de mystère que l'obscurité et la fraîcheur du matin accentuent encore.

Toujours est-il qu'à l'instant crucial de la cérémonie, monsieur le curé aurait prononcé haut et fort la formule consacrée : « Rosaire Soucy, acceptez-vous de prendre pour épouse… » Si Gaby Saucier, la femme d'Edgard, se souvient de l'avoir entendu, elle se souvient encore plus de son inquiétude : les époux seraient-ils vraiment mariés ? Le mariage allait-il compter ? Quoi qu'il en soit, Yvette, dans son ensemble trois pièces vert olive bordé de fourrure, n'a aucune hésitation. Elle est heureuse d'épouser enfin le beau jeune homme rencontré dans le train trois années auparavant, et Gérard ne l'est pas moins.

Un secret bien gardé

Le père d'Yvette, qui ne prise pas ce Rosaire Soucy sans métier qui vient de lui ravir sa fille, ignore encore l'identité de son gendre. Gérard a choisi de lui révéler son secret le plus tard possible. Il sait déjà que son statut n'est pas apprécié et il ne veut pas courir le risque de perdre la main d'Yvette. En bon négociateur, il choisit la ruse.

On conçoit qu'il faut tous les talents du curé Cailler et les invocations à tous les saints, à commencer par saint Thomas, pour convaincre le beau-père au moment ultime de signer le registre, juste après le mariage. Devant le fait accompli, il se résigne : Rosaire Soucy n'est pas Rosaire Soucy. Il faudra bien s'y faire.

Ce matin-là, l'air peu avenant habituel de monsieur Thiffault est carrément renfrogné. Il est même « bleu-noir-vert » au dire d'une invitée. Les envolées lyriques de la petite chorale de la paroisse soutenue par les puissants accords de l'harmonium ne peuvent lui arracher le moindre sourire. Le doux visage et l'amabilité naturelle de Cécile, mère d'Yvette, qui dissimulait autant que faire se peut son inquiétude, réussissent malgré tout à donner à la cérémonie une certaine atmosphère de joie et de sérénité et, aux jeunes mariés, l'encouragement nécessaire au seuil de leur grande aventure.

Le grand départ

Le départ précipité des nouveaux époux par le train de sept heures facilite les choses et coupe court aux paroles inopinées. Les voici d'abord à Senneterre. De là, ils se rendent en voiture à Val-d'Or, au grand hôtel chic de Bourlamaque, *Le Coulson.*

Quelques jours plus tard, c'est le retour en forêt, dans une cabane de bois rond, au chantier du millage 40, près de Clova. C'est le grand départ pour une nouvelle vie. Gérard a désormais une alliée solide : sa femme Yvette.

Gérard et Yvette, Clova, automne 1945.

Val-d'Or Studio

Le chic hôtel de Bourlamaque, **Le Coulson.**

La gare de Parent.

2

DEUXIÈME PARTIE

De l'artisan au maître d'œuvre

CHAPITRE

6

Les premiers défis, 1945-1950

L'hiver en forêt En 1945, sur les traces d'une lignée d'hommes inspirés par le goût de l'aventure, de la forêt et du commerce, Gérard Saucier, fils d'habitant du Madawaska et colon de l'Abitibi, se retrouve en pleine forêt, dans l'arrière-pays québécois.

Il n'a pas encore trente ans. Il a été bûcheron, et draveur pour la Canadian International Paper dans la Haute-Mauricie, à Sanmaur, puis sur la rivière Matawin, un affluent de la rivière Saint-Maurice.

Le voilà maintenant « sous-jobber » pour le père Lebel, dans un chantier auquel on n'accède que par la longue ligne de chemin de fer du Transcontinental. Il faut d'abord quitter le train, pour ensuite s'engager sur un étroit ruban de route qui s'enfonce dans les bois. C'est au millage 40, au milieu d'une vaste région forestière, près de Clova.

En cet automne de 1945, dans sa cabane de bois rond, Yvette, jeune mariée, s'initie à la vie de chantier. Elle apprend le grand combat des hommes contre les éléments. Elle apprivoise aussi l'isolement et, surtout, une certaine solitude avec laquelle elle va devoir composer sa vie durant, comme doivent le faire les femmes de bûcherons ou d'entrepreneurs forestiers.

Elle s'ingénie à créer autour d'elle une atmosphère agréable. D'abord la décoration du logis : aux fenêtres, en guise de rideaux, des sacs de papier brun, bien repassés et découpés en bordures dentelées, confèrent à la cabane un petit air coquet. Puis, les boîtes à beurre ou à poisson, transformées en armoires ou en étagères, sont décorées avec de la cretonne. Un éclairage spécial vient compléter le décor : le clair de lune s'insinue entre les rondins et y distribue des paillettes de lumière. Mais quand arrivent les vents d'automne et la froidure de l'hiver, le gros papier gris avec lequel il faut tapisser les murs ne permet plus aux rayons de lune de participer au décor.

Au centre de la pièce, la place d'honneur est occupée par la « truie », un petit poêle à bois rudimentaire de marque *Finlay*, chauffé à blanc à cœur de jour. Pour y entretenir le feu, Gérard se lève au milieu de la nuit et remet du bois. Les planchers sont toujours glacés. Yvette s'emmitoufle avec tout ce qui lui tombe sous la main afin de ne pas se retrouver gelée.

En décembre, elle crée de toutes pièces une décoration de circonstance. Des boules faites de papier d'aluminium froissé, ramassé par les fumeurs et les amateurs de chocolat, ornent le sapin traditionnel ainsi que les guirlandes pendues en festons. Elle n'a jamais oublié sa première nuit de Noël en compagnie de quelques bûcherons restés en forêt parce qu'ils n'avaient pas assez d'argent pour aller trouver leur famille. Tous ensemble, assis sur une longue bûche, la larme à l'œil, ils écoutent de la musique de cow-boy !

Un gars «ben humain»

Pour le jeune entrepreneur Gérard Saucier qui, au fil des jours, réapprivoise son propre nom et se libère de Rosaire Soucy, cette première expérience de petit *jobber* est une vraie réussite : 2000 cordes de bois à 1 $ la corde. Un gros contrat pour l'époque. Il réussit à embaucher tous les hommes dont il a besoin malgré la difficulté de recruter de la main-d'œuvre en cette période d'après-guerre. Un camp voisin du sien n'arrive à trouver que la moitié des hommes qu'il lui faut.

Ce « chaudron » semble à tous égards remarquable. Non seulement a-t-il dans son camp les hommes qu'il lui faut, mais il sait surtout les garder jusqu'à la fin de l'hiver. Ses bûcherons ne *jumpent* pas l'ouvrage, on peut compter sur eux jusqu'à la fin de la *run*. Dans le milieu, c'est plutôt rare et même remarquable. Car il y a toujours de bonnes raisons pour quitter le chantier, dont celle d'aller rejoindre sa blonde pendant la messe de minuit, tel ce pauvre François Paradis qui, au prix de sa vie, voulut retrouver Maria Chapdelaine…

Très tôt, Gérard Saucier sait se tailler une réputation enviable. Le jeune entrepreneur a déjà une manière bien à lui d'attirer des hommes et de composer avec eux.

Comme il a déjà tenu la hache avant de *jobber*, il est en mesure de comprendre ses bûcherons ; il sait comment être près d'eux, et plus que tout, il leur inspire confiance. Dans un milieu où prévalent des relations très dures entre *jobbers* et bûcheux, il leur parle toujours simplement. Il se fait même un point d'honneur de les connaître tous individuellement, ce qui leur permet de se sentir respectés. « On se sentait quelqu'un », reconnaissent-ils encore aujourd'hui.

Son frère aîné, Médard, qui travailla avec lui comme contremaître dès les premières années, raconte une anecdote qui en dit long sur ses rapports avec ses employés. Un jour, au millage 40, un bûcheron reçoit une « patch de bois », c'est-à-dire un secteur précis à bûcher, qui ne lui plaît pas. Il annonce alors à Gérard son intention de partir: « Coudon! Moué là, d'l'ouvrage, j'en ai en masse, moué là, tsé. Pis mon bois, yé pas beau, là. Pis j'm'en vas! »

Gérard l'écoute calmement et répond avec simplicité: « Ben coudon! C'est une bonne idée. Bonne idée. Pis tout d'un coup, là, que tu connaîtrais un chum, un gars, là, qui voudrait travailler, ben moi, m'a lui donner une chance. »

Le bûcheron ne dit rien, il réfléchit. Puis, il retourne tranquillement travailler. « Avec Gérard, c'était toujours comme ça, raconte Médard. C'était pas plus long que ça! Et ses hommes l'aimaient. » Paul-Émile Castonguay, un bûcheron aujourd'hui âgé de quatre-vingts ans, rentré au bercail à Saint-Alexandre-de-Kamouraska, se souvient à sa manière de Gérard Saucier: « Il était ben humain, c'te gars-là. »

Le chantier de Monet

Le premier chantier de Clova est aussitôt suivi d'un autre à Monet, en 1946. Gérard est sous-traitant pour Ernest Soucy, de Saint-Alexandre-de-Kamouraska. Oscar Soucy (aucun lien de parenté avec Rosaire…) se souvient que son père Ernest disait du jeune entrepreneur: « Ce gars-là, il va aller loin. »

François Chénard, qui travailla avec lui comme *foreman* pendant ces deux hivers et ces deux étés, a encore en mémoire cette époque héroïque des camps de bûcherons. Il n'y avait pas encore de scie mécanique et le tronçonnage des billots se faisait à la « sciotte », une petite scie légère. C'était comme au début du siècle.

À l'été, Médard Saucier vient rejoindre son frère. Il s'emploie à charger sur les « chars » le bois expédié par train à La Tuque. L'hiver suivant, le jeune frère de Gérard, Jean-Paul, qui l'avait d'abord rejoint à la rivière Matawin, vient travailler avec eux. Ce sera le début d'une collaboration familiale qui allait durer toujours. À la fin du chantier, Jean-Paul loge à Dubuisson dans le petit « campe » de Médard, qui vient de se construire une maison juste à côté. Les Saucier du Madawaska prennent peu à peu racine en Abitibi.

Gérard et Yvette devant leur cabane de bois rond. Monet, été 1946.

Monet, hiver 1946.

Monet, automne 1945.

Un premier enfant

En juin 1946, pour Yvette et Gérard, c'est la fête, avec la naissance d'un premier enfant, une fille nommée Guylaine. Pendant l'été, la petite famille se retrouve à Dubuisson avec les deux frères Saucier, Médard, Edgard et sa femme Gaby. Mais dès septembre, Yvette retourne en forêt avec son bébé et la vie de chantier reprend son cours. Quand Yvette et Gérard doivent s'absenter ensemble de leur « campe », c'est l'oncle Jean-Paul qui agit comme gardien.

Un jour, les premiers rayons de soleil du printemps incitent Yvette, comme toute jeune maman, à laisser la petite Guylaine faire sa sieste au grand air, bien « abriée » dans sa bassinette. A-t-elle oublié qu'ils sont en pleine forêt ? Elle aperçoit ce qu'elle croit être des pistes de chiens. Au retour, Gérard lui apprend qu'il s'agissait plutôt de pas de loups… Par la suite, la sieste du bébé se fait à l'intérieur. Yvette et le bébé apprennent à leur façon la vraie vie des forestiers. Il faut apprivoiser la neige et le vent l'hiver, les nuées de moustiques en été et aussi savoir reconnaître les loups…

La forêt grandiose

Tout autour, des milles et des milles à la ronde, c'est le silence, la solitude de cet immense territoire qu'est la forêt boréale. La vraie forêt, sombre et dense, celle qui nous fascinait quand nous étions enfants. Elle nous envoûtait par son mystère autant qu'elle nous faisait peur. Dans les livres d'histoires, on a rêvé ou frémi avec les aventuriers et les Indiens qui s'y engageaient, quand ce n'était pas avec les petits enfants qui s'y perdaient parmi les ogres et les loups.

On se souvient d'avoir appris très tôt à l'école, non sans fierté, que la forêt est une ressource naturelle très importante et que le Canada est l'un des trois plus grands pays forestiers du monde avec la Russie et les États-Unis. L'histoire du Canada nous enseigne aussi que depuis le début de la colonie jusqu'aux premières années du XIXe siècle, la forêt devint notre première grande industrie en servant de réserve aux trappeurs et aux coureurs des bois pour le commerce des fourrures. Elle est une source très riche d'approvisionnement en animaux à fourrure, en peaux de castor et

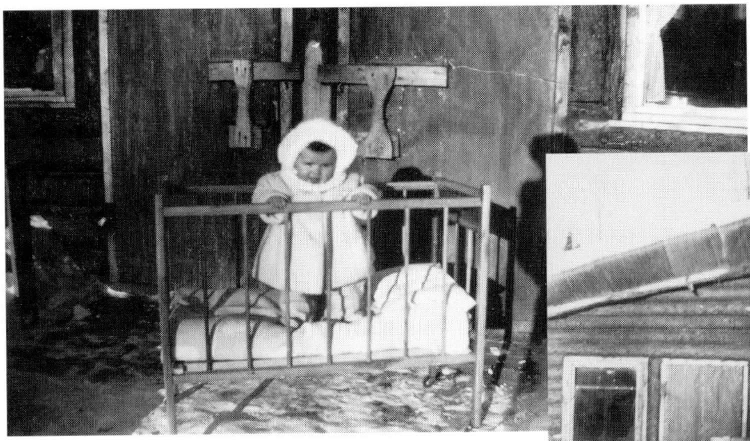

Ci-haut, Guylaine emmitouflée ; ci-contre, Yvette la couvre au moment de la sieste. Monet, printemps 1947.

Yvette, Gérard et leur première fille Guylaine. Monet, hiver 1947.

de rats musqués vendus d'abord par les Indiens, puis par les Français et les Anglais. Le trafic des pelleteries est aux origines mêmes de la colonie. Pendant plus de deux siècles, il est le ferment le plus actif de nos fonctions économiques.

Un espace à défricher

Pour les colons cultivateurs, il en allait autrement. La forêt était d'abord un espace à défricher pour ouvrir les terres, « le coin de terre déblayé, magnifiquement nu, enfin prêt pour la culture », comme l'écrivait Louis Hémon en parlant des Chapdelaine. Les premiers colons la forçaient à reculer pour en tirer des maisons et des champs de blé. Les cultivateurs devaient lutter contre sa croissance exubérante, car au premier arrêt de la culture, le sentier s'embroussaillait. Faire de la terre, c'était repousser la sombre lisière de la forêt. C'était une bataille contre la nature barbare et une victoire laborieuse sur le mystère et la solitude. L'été, c'était enfin la saison heureuse qui battait au rythme du défrichage et des récoltes.

L'exploitation commerciale du bois

Au début de la colonie, pendant les XVIIe et XVIIIe siècles, la forêt était avant tout considérée comme le royaume des coureurs des bois, ces voyageurs négociants, aventuriers épris d'indépendance et de liberté. Quant aux arbres abattus, ils servaient spécialement au chauffage, à la fabrication des meubles et à la construction des maisons. L'exploitation commerciale du bois comme on la connaît aujourd'hui ne se développa qu'au début du XIXe siècle. C'est alors que la forêt commença à être exploitée pour elle-même, c'est-à-dire pour ses arbres : le commerce du bois supplantait celui de la fourrure, et l'arbre devenait une marchandise.

L'histoire du commerce du bois est bien connue. Tout débuta sur les rives de l'Outaouais avec Philemon Wright, un Américain originaire du Massachusetts. En 1805, ce terrien voulait se tailler un vaste domaine agricole sur la Grande Rivière, comme on appelait alors l'Outaouais. Après avoir vendu sa ferme en Nouvelle-Angleterre, il s'installa avec sa famille dans le *township* de Hull.

La rivière Outaouais

Voilà comment fut fondé le village de Wright, qui prit le nom de Hull en 1870. On raconte que les cinq premières années coûtèrent fort cher au fermier Wright et que les prix élevés du transport des denrées alimentaires depuis Montréal eurent vite raison des 20 000 $ qu'il avait obtenus pour la vente de sa ferme. Aussi lui fallut-il trouver un moyen de se renflouer. Il écrivit à ce sujet: *It was time for me to look for an export market to cover my imports.* (Il était temps que je cherche un marché d'exportation pour compenser mes importations.)

Philemon Wright prit donc l'initiative de vendre autre chose que des produits agricoles, en l'occurrence du bois. Le moins qu'on puisse dire est qu'il était au bon endroit au bon moment. La rivière Outaouais était un cours d'eau privilégié qui donnait accès à d'immenses territoires forestiers tout en permettant le flottage du bois sur de longues distances.

Le marché anglais

D'autre part, en 1806, la conjoncture était des plus favorables à l'extension d'une commercialisation canadienne du bois. La Grande-Bretagne avait besoin de bois d'œuvre: il y avait un marché.

En effet, à la suite du blocus continental de Napoléon 1er, l'Angleterre n'avait plus accès au commerce européen du bois. Elle s'intéressa donc par la force des choses aux réserves de ses colonies d'Amérique du Nord. La distance alors ne comptait plus. Des tarifs préférentiels furent adoptés pour favoriser l'entrée du bois canadien.

Arthur Buies écrivait en 1889 dans *L'Outaouais supérieur*: « Les commerçants de la métropole tournèrent leur attention vers les colonies de l'Amérique britannique, et conçurent le projet de venir chercher chez nous le bois que les flottes françaises les empêchaient d'importer des pays de l'Europe septentrionale. »

La grande épopée du bois

Philemon Wright sut exploiter cette demande de façon efficace en expédiant du bois en provenance du Canada, plus particulièrement de la province de

Québec. Grâce au flottage que permettaient les nombreux cours d'eau, le bois était transporté des affluents de l'Outaouais sur le fleuve Saint-Laurent jusqu'au port de Québec, notamment dans les anses de Sillery, d'où on l'embarquait pour l'Angleterre. De 1805 à 1810, le nombre de navires qui mouillaient devant Québec passa de 170 à plus de 660. Une véritable exploitation du bois à des fins commerciales commençait alors au Canada : la grande épopée du bois.

Le rapport entre la forêt et le défrichement se transforma complètement. Les exportations de bois se multiplièrent par 20 : l'arbre était devenu la richesse naturelle par excellence et toute l'économie du pays se ressentit heureusement de ce nouveau commerce. La forêt n'était plus l'ennemie de l'homme.

Dans sa *Description topographique de la province du Bas-Canada*, l'historien Joseph Bouchette écrivait en 1815 :

> *Les principales exportations du Canada consistent en vaisseaux neufs, en bois de construction de chêne et de pin, en sapin, en mâts, en beauprés, en membrures de toute espèce, en merrain…[…] Depuis 1806, le commerce du bois s'est accru à un point extraordinaire, […] il est en état de remplir abondamment les demandes des îles anglaises dans les Indes occidentales, en bois de construction carré, en planches, en sapin, en merrain, et en tout ce qui porte le nom général de lumber, mais encore de fournir une grande quantité des mêmes articles pour l'usage de la Grande- Bretagne. C'était, et c'est peut-être encore chez bien des personnes, la coutume de considérer ces ressources du Canada comme problématiques ; mais que l'on examine les états d'exportation de 1806 à 1810, et l'on verra bientôt que pendant ces quatre années ils se sont accrus d'environ 100 000 à près de 375 000 tonneaux, de toutes les provinces, dont près de la moitié était de Québec seul. Pour faire face à cette demande, on n'a éprouvé aucune difficulté à se procurer les quantités nécessaires, soit par le manque de bras destinés à les rassembler, soit parce que les forêts ne pouvaient y fournir ; et quand la demande eut été du double, on eut pu y répondre avec la même facilité, en proportion gardée*[1].

1. G. Frégault et M. Trudel, *Histoire du Canada par les textes*, p. 178-179.

Le marché américain

À la fin des guerres napoléoniennes, la Grande-Bretagne se tourna de nouveau vers la Scandinavie et la Baltique, dont le bois était meilleur marché. Elle révoqua en 1842 la préférence douanière accordée aux arbres canadiens.

Mais un nouveau marché devait bientôt apparaître pour le Canada. En 1854, un important traité de commerce le liait aux États-Unis. Son importance devint telle que les moulins à scie se développèrent en grand nombre dans toute la province de Québec, et pour les alimenter, les chantiers se multiplièrent. On peut même parler dès lors de leur prolifération.

Le métier de bûcheron prit aussi beaucoup d'importance. Ce fut l'époque des hommes forts, comme le Montréalais Jos Montferrand. Il représenta le modèle inégalé de l'homme des chantiers. De la Gaspésie jusqu'au nord de l'Ontario, on parlait de lui comme d'un personnage exceptionnel. Il pouvait courir plus vite, sauter plus haut et frapper plus fort que n'importe quel autre homme des bois. Ses batailles, que l'on se plaît encore aujourd'hui à raconter, sont des exploits qui en font un véritable héros. Dès qu'il arrivait dans un camp de bûcherons, le maître, c'était lui !

Les concessions forestières

Ainsi, l'initiative de Philemon Wright avait-elle suscité bien des vocations. À sa suite, de nombreux particuliers se mirent à couper du bois pour le vendre et l'exporter. Tout en « faisant de la terre », les colons établis sur les lots forestiers utilisaient de plus en plus leurs boisés à des fins commerciales pour en tirer des revenus d'appoint. C'était d'autant plus facile que les outils de base de la coupe étaient la hache et le *bucksaw*, des instruments qu'on retrouvait sur toutes les fermes québécoises. Pour le charriage, le cultivateur pouvait se servir de ses chevaux de ferme. Le seul investissement nécessaire était un traîneau plus grand et plus fort que celui dont il se servait sur sa ferme.

Ce sont principalement les grandes sociétés qui obtinrent du gouvernement des concessions forestières appelées couramment « limites à bois », pour y effectuer leurs coupes sur une grande échelle. À partir de cette époque, tous les hivers, la forêt sera envahie par de véritables armées de bûcherons. Le chantier entrait alors dans les récits aussi bien que dans la culture canadienne-française. Dans la famille, la montée au chantier devenait non seulement le revenu d'appoint nécessaire, mais aussi, pour les jeunes gens, l'indispensable rite de passage de l'adolescence à l'âge viril. L'homme était valorisé par le travail en forêt, qui lui assurait respect et admiration.

La période la plus propice au travail en forêt, en ce qui regarde la coupe et le charriage, se situait entre la fin de septembre et la fin de février. Pour la coupe, de septembre à décembre, et pour le charriage, de la mi-décembre à la fin février, début mars. Avec la fonte des neiges, c'était le flottage du bois, la drave. Ainsi, dès le début de l'automne, les compagnies auxquelles le gouvernement avait concédé des « limites à bois » installaient leurs cabanes de bois rond, les « campes », pour y loger leurs bûcherons, le plus souvent des fermiers ou des fils de fermiers. D'après les récits des missionnaires, on y sentait le froid comme en plein air ! Pour charrier les provisions dans les chantiers et pour transporter le bois coupé, des centaines de chevaux et d'attelages étaient utilisés, le plus souvent transportés par le train jusqu'au cœur de la forêt.

La chasse-galerie

Les hommes devaient rester en forêt tout l'hiver, y compris pendant le temps des fêtes. Une vieille légende folklorique courait dans les chantiers, dont les bûcherons faisaient les frais. Au jour de l'An, sur l'heure de minuit, après avoir pris un petit coup de trop, la tête commençait à tourner… Comment aller embrasser sa blonde ? Il suffisait de faire un serment au diable qui assurait en retour le transport par-dessus les montagnes et à travers les airs au lieu rêvé… À bord d'un grand canot qui servait à la drave et les mains sur les avirons, six hommes s'élevaient en l'air et pouvaient faire cinquante lieues à l'heure. Il suffisait de ne pas prononcer le nom de Dieu pendant le trajet, de ne pas s'accrocher aux croix des clochers et de ne pas prendre de boisson pendant le voyage. Et tous étaient de retour le lendemain du jour de l'An !

Des territoires de coupe

Avec l'exploitation commerciale du bois, la notion de « territoire réservé » devint primordiale. Il fallait dorénavant penser à gérer la forêt. Les mots « concession forestière » ou « limite à bois » désignaient un terrain ou territoire boisé du domaine public qui était affermé à des fins d'exploitations forestières.

On appelait « affermage » l'attribution d'une concession avec le droit d'y couper les bois ou certains bois parvenus à maturité et d'en disposer, le tout aux conditions déterminées par les lois et règlements. En vertu de l'acte d'affermage, le gouvernement, représenté par le ministre, renouvelait chaque année le permis ou la licence de coupe, aussi appelé certificat d'affermage, à la condition que le concessionnaire ait observé les conditions dudit acte d'affermage.

L'année 1826 avait marqué le début du système des licences de coupe de bois sur les terres de la Couronne. D'abord accordées par enchères publiques, les licences furent par la suite rendues renouvelables annuellement par de nouveaux règlements. Le bénéficiaire devait couper chaque année une quantité déterminée de bois. En 1854, ce qui restait du système seigneurial fut définitivement aboli. C'est la tenure dite « en franc et commun soccage » qui fut alors établie au Québec de façon générale et permanente. À partir de 1850, l'industrie forestière connut une période faste et le Témiscamingue était alors la grande région forestière du Québec.

La forêt et la juridiction provinciale

Avec l'Acte de l'Amérique du Nord britannique, aujourd'hui appelé Loi constitutionnelle de 1867, l'administration des richesses naturelles devint la prérogative exclusive des provinces. Mais les conditions si favorables du début s'étaient transformées : la politique douanière des États-Unis était revenue en 1866 sur le traité de réciprocité et le marché américain s'était fermé.

Au Québec, le système administratif pour l'aliénation des terres s'inspira du régime anglais dit « de franc et commun soccage », sous le mode de la tenure libre. Les terres étaient octroyées par certificats de vente ou en vertu de baux généralement suivis de concessions définitives par lettres patentes ou contrats notariés. Puis un système de subventions apparut : des terres furent concédées en toute propriété aux compagnies de chemin de fer pour aider à la construction de voies ferrées.

Avec l'avènement de l'industrie papetière, le nouveau marché qui s'était créé à la fin du XIXe siècle allait connaître un essor prodigieux. Les prêteurs demandèrent alors des garanties sur la continuité des titres. À partir de 1934, pour permettre aux concessionnaires de répondre aux exigences des prêteurs, l'État assura donc aux concessions forestières l'élément de continuité.

Les grandes compagnies concessionnaires : un empire

Pour comprendre l'importance et le rôle des compagnies pendant le XIXe siècle jusqu'aux années 1960, il faut se rappeler que des milliers de milles carrés de concessions leur furent vendus aux enchères. Les négociants et les marchands se taillèrent ainsi un véritable empire. Des compagnies comme J.R. Booth, Gillies Brothers, E.B. Eddy, Price Bros. Co., W.C. Edwards, Gilmour et Ritchie s'installèrent d'abord le long des affluents de la rivière Outaouais, puis un peu partout au Québec, dont plus de 58 % du territoire est couvert de forêt.

L'exploitation commerciale de la forêt devint l'affaire de quelques grandes compagnies concessionnaires. Elles s'emparèrent de plus des trois quarts de l'ensemble de la production de la province de Québec. La Canadian International Paper en amassa à elle seule près de 25 %.

Ces compagnies exécutaient leurs coupes dans de nombreux chantiers forestiers confiés aux grands *jobbers* qui, à leur tour, engageaient de nombreux petits *jobbers*. Elles connurent une expansion continue. L'activité industrielle et commerciale ainsi engendrée par l'exploitation de la forêt devint un élément majeur dans la croissance économique du pays.

Bois de sciage et bois à pâte

Deux grandes industries furent engendrées par le commerce du bois. D'abord le sciage, avec les scieries, les fabriques de traverses ferroviaires, de lattes, de douves, de cercles et de bardeaux. Le bois de sciage réservé à la construction et à la menuiserie privilégiait les plus beaux arbres, le principal produit des scieries étant le bois d'œuvre.

Puis les pâtes et papiers devinrent de grands consommateurs de bois à pâte. Les Canadiens français appellent « pitounes » les billots d'une longueur de quatre pieds. C'est à partir de cette époque que le sapin baumier, l'épinette blanche et noire, jusque-là à peu près dédaignés, furent tout d'un coup en grande demande, quelle que fût la dimension des billes. Des besoins divers et pressants contribuèrent à la mise en valeur et à l'exploitation de la forêt.

L'ouverture de l'Abitibi

Dès l'ouverture de l'Abitibi, le bois à pâte fut l'objet d'une exploitation intensive de la part des entreprises, qu'il s'agisse de l'Abitibi Pulp and Paper, qui faisait flotter son bois vers l'Ontario, ou de la Canadian International Paper (la CIP), qui y approvisionnait ses usines de la Mauricie.

Au début des années 1940, c'est à Jean-Baptiste Lebel, l'homme de confiance de plusieurs grandes compagnies, notamment E.B. Eddy, Howard Smith Paper et la CIP, qu'était confiée la responsabilité d'un grand nombre de chantiers importants. Ce grand *jobber* embauchait des *jobbers* et des « sous-jobbers » qui, à leur tour, organisaient leurs camps, avec *foreman*, *cook*, *showboy* à l'entretien général, commis au bureau et bûcherons. Il fallait aussi rassembler des chevaux et ouvrir des chemins.

Pendant les années 1940 et 1950, Jean-Baptiste Lebel eut plus de 1200 hommes sous ses ordres et 22 sous-traitants : les compagnies pouvaient lui confier jusqu'à 140 000 cordes de bois à la fois, c'est-à-dire près de 18 millions de pieds cubes. La région de l'Abitibi se trouvait alors en pleine expansion, et de nouvelles zones d'exploitation s'ouvraient un peu partout, dans les domaines de l'industrie forestière, de l'agriculture et des mines.

Agnès Saucier en Abitibi

Été 1947. Péa Saucier décide qu'il est temps que sa femme Agnès « monte » en Abitibi, qu'elle vienne voir pour la première fois l'installation de ses fils. Non sans peine, il réussit à la convaincre de venir faire son « tour de la parenté ». Elle n'aime pas voyager et cette région lui semble loin : presque aux antipodes du Madawaska. Tout y paraît différent. Même la manière de parler n'est pas la même que celle « d'en-bas ». La parlure acadienne diffère de plusieurs façons de celle des Québécois. Pour Agnès, une authentique brayonne, c'est un long voyage dans un pays étranger.

Comment apprécie-t-elle son séjour dans cet Abitibi dont elle a tant entendu parler depuis plus de dix ans ? Quelle impression lui fait ce pays en plein essor où des colons affluent de partout ? En 1947, Val-d'Or, avec ses quelques routes de gravelle et ses nombreuses maisons en construction, n'a peut-être rien pour l'impressionner outre mesure. La population compte environ 6 000 âmes. Et Dubuisson se résume à quelques petites maisons qui jalonnent un chemin de terre.

L'Abitibi est pour elle un pays lointain. Cette région lui ravit ses fils, où son mari devait s'exiler tous les hivers pendant qu'elle assumait seule toute la responsabilité de la maisonnée et de la terre. Agnès ne commente guère son voyage et son séjour est de courte durée.

Pourquoi faut-il que tous ses fils s'y installent ? Elle regrette que Médard, son aîné, ne revienne pas « en bas » pour reprendre la terre. Elle éprouve un grand chagrin quand on lui dit qu'il n'y a que des « terres de roche » au Madawaska, et qu'il n'y a aucun avenir.

La tireuse de cartes

Au printemps de 1949, dès la fin des chantiers, à leur tour Médard et Gérard Saucier descendent voir la famille au Nouveau-Brunswick. Un jour, avec leur père, ils vont rendre visite à un oncle d'Edmundston. Comme celui-ci est absent, ils décident de flâner dans les rues de la ville. Le hasard les conduit devant une maison où s'affiche une tireuse de cartes. Histoire de se distraire, les trois hommes s'amusent à interroger l'avenir. La cartomancienne annonce alors à Péa Saucier que sa femme va mourir avant lui ! Philosophe et un rien espiègle, Péa répond que de toute façon, ils finiront bien par mourir tous les deux ; et puis, qu'il faut bien que l'un des deux meure avant l'autre. Elle rétorque : « Oui, mais c'est bien vite ! »

La mort d'Agnès

Trois mois plus tard, le 29 juin 1949, à l'âge de cinquante-six ans, Agnès meurt presque subitement d'une maladie des reins. Elle a travaillé normalement jusqu'à la fin, comme elle l'avait toujours fait. À tel point que personne ne se doutait qu'elle était malade. En Abitibi, dès que les fils Saucier, Médard, Jean-Ménard, Gérard et Hermel apprennent la nouvelle, ils partent, les uns en train, les autres en voiture, pour Baker Brook.

C'est ensuite Jean-Paul, Zoël et Jean-Claude : dès qu'ils sont informés, ils gagnent la maison paternelle. Edgard, lui, était déjà en route pour le Bas-du-Fleuve avec sa femme Gaby, originaire de Rivière-du-Loup. Il y avait des fiançailles dans sa famille à elle. Profitant de l'occasion, ils font un détour par le Madawaska pour saluer les Saucier. À Baker Brook, Edgard trouve la maison pleine de monde. En voyant son oncle Louis Cyr il lui dit :

– Qu'est-ce qui se passe icitte ? Avez-vous organisé une soirée d'élection ?

– Comment ? T'es pas au courant ? Ta mère est morte.

« C'est comme ça que maman est partie », raconte Médard. La famille fut rassemblée pour l'enterrement à l'église Saint-Cœur-de-Marie et Agnès fut portée en terre par six de ses fils.

La vie d'Agnès Caouette aura été semblable à celle de beaucoup de femmes de cultivateurs qui furent à leur manière de véritables héroïnes. C'était leur devoir : elles travaillaient continuellement, de l'aube jusqu'à la tombée du jour.

Les orphelins de Baker Brook

En mourant, Agnès laissait à la maison quatre enfants : Marie-Rose allait sur ses dix ans et Jean-Louis venait d'avoir douze ans. Marie-Mai était âgée de quinze ans. Marie-Reine, à vingt-deux ans, de santé fragile, essaya tant bien que mal de remplacer sa mère pendant quelque temps. La tâche était beaucoup trop lourde et elle ne pouvait prendre en charge toute la maisonnée. Marie-Ange, un peu plus âgée, était hospitalisée à cause de sérieux problèmes de santé.

Péa avait alors cinquante-six ans. Il montait aux chantiers tout l'hiver pour ne redescendre qu'au printemps. Il lui fallait trouver une solution. Agnès n'était pas facile à remplacer ! Les plus jeunes furent confiés à des voisins et restèrent au Nouveau-Brunswick jusqu'à la fin de leurs études.

Les garçons, qui entraient à peine dans l'âge adulte, devaient désormais se débrouiller tout seuls. Quelques années plus tard, la maison, presque abandonnée, fut vendue. Ces souvenirs sont encore bien vivants dans la mémoire de Médard qui, à la mort de sa mère, était au début de la trentaine.

Le chantier de Bartouille

Gérard travaillait depuis l'année précédente avec Jean-Baptiste Lebel, comme « sous-jobber » pour la compagnie Howard Smith. Il avait un chantier dans la zone forestière de Bartouille, au millage 34, soit trente-quatre milles au nord de Senneterre. Un camp se composait généralement de l'office, de la cuisine, du « campe » du mesureur et de l'écurie. Il y avait aussi le « campe » de la famille Saucier, avec ses deux chambres et sa cuisine. Il fallait se lever au milieu de la nuit pour chauffer le poêle, d'autant qu'il y avait une petite fille d'une quinzaine de mois qui ne devait pas prendre froid !

Au dire de Wilfrid Marquis, un ami de longue date, le jeune entrepreneur Saucier impressionnait ceux avec qui il travaillait. « Sous-jobber pour le père Lebel, c'était le meilleur de la gang. Les autres, ils avaient de la misère à avoir du monde, mais Gérard a jamais eu de misère à avoir du monde ! » À cette époque et malgré son jeune âge, il faisait déjà figure de meneur d'hommes.

Les témoignages à cet égard sont unanimes et nombreux. La renommée des camps de Gérard Saucier attirait toujours plus d'hommes que le camp ne pouvait en accueillir. Beaucoup s'en allaient donc travailler dans les autres chantiers de Jean-Baptiste Lebel, là où il manquait de bûcheux. C'était pour ce dernier une collaboration très utile puisqu'il était toujours à la recherche de bras. Il n'en avait jamais assez. Dans la période de cinq mois que durait le chantier, les entrepreneurs cherchaient toujours à atteindre leurs objectifs et à augmenter leur production : ils avaient donc besoin d'une main-d'œuvre illimitée.

L'installation à Val-d'Or

Le 14 mai 1948, Gérard et Yvette emménagent à Val-d'Or dans leur première maison, au 1131 de la 2e Avenue. Le choix de Gérard de s'établir « en ville » est clair : à la différence de ses frères Médard et Edgard, il a décidé de quitter définitivement Dubuisson et de rompre avec l'agriculture, pour laquelle il n'eut d'ailleurs jamais de goût ni de disposition.

L'année suivante, en septembre 1949, un nouveau bébé, une fille, Céline, vient s'ajouter à la famille. Elle naît à la maison comme le veut la coutume. Yvette raconte qu'elle était petite au point qu'il fallut la garder bien au chaud sur la porte ouverte du fourneau du poêle à l'huile pendant plusieurs semaines.

La femme du « boss »

Quelque temps après la naissance de Céline, comme tous les automnes, c'est le retour en forêt. La maison de Val-d'Or est alors fermée et la petite famille se retrouve dans le « campe » de Bartouille. Pour Yvette, malgré l'absence de confort, ces jours ne manquent pas de charme. Il faut être capable de se débrouiller et avant tout garder le moral. Pas question de se plaindre. Elle connaît tous les hommes de Gérard : « J'étais la femme du boss et les hommes prenaient soin de moi. »

Le vendeur de voitures

Lionel Roy, marchand de voitures à Malartic, raconte, avec la verve du bon vendeur, ses visites au chantier de Bartouille. Dans les camps, rappelle-t-il, le *jobber*

La première maison familiale au numéro 1131 de la 2e Avenue à Val-d'Or.

Gérard, Yvette, Guylaine et Céline, été 1950.

ou le *foreman* se méfiaient des vendeurs. Ces derniers n'étaient pas les bienvenus, parce qu'ils pouvaient déranger les hommes. Mais avec Gérard, il en allait autrement. L'accueil était toujours aimable. Souvent il invitait le visiteur à sa table.

Gérard a même acheté de Lionel Roy son premier véhicule, un petit camion vert, un *Studebaker* : « Ça frisait bien les 1 200 $! Dans le temps, c'était de l'argent. Gérard m'avait *barguiné*

Yvette, la femme du « boss ».

Gérard et Yvette dans la cuisine, à Bartouille.

Le petit tracteur enlisé dans le « gumbo ». Bartouille, été 1950.

ça. Pour le ménager, il roulait à 40 milles à l'heure ! » Les *Chrysler* devaient se succéder au fil des ans. Il restera attaché à cette marque jusqu'à la fin de sa vie.

Les dernières années de la décennie 1940

Gérard passe les dernières années de la décennie 1940 dans la zone forestière de Bartouille, sur la route de Senneterre. Il bûche des billots avec son frère Jean-Paul, la vraie pitoune de quatre pieds. Le bois est expédié à Despinassy, de l'autre côté de la rivière Taschereau. Les chevaux y sont encore à l'honneur ainsi que les outils hérités des profondeurs du passé.

Et personne dans la famille n'a oublié l'histoire du petit tracteur ! Tout le monde connaît la fameuse photo sur laquelle on aperçoit l'engin en train de s'enliser dans le *gumbo*, cette terre glaise caractéristique de certains sols forestiers de l'Abitibi. Ce jour-là, il fallut faire appel aux chevaux pour le tirer de cette mauvaise position ! Ce fut tout un événement. C'était le 19 juillet 1950, le jour même de l'anniversaire de Gérard.

Les outils traditionnels

Pour tronçonner les billots ou les grosses pièces de bois, les armes du bûcheron étaient toujours la hache, le coin et la sciotte. Mais on employait encore le godendard, une longue scie d'environ six pieds de long, munie de deux poignées droites et courtes. Elle était maniée par équipe de deux hommes et servait au tronçonnage du bois long.

Les dents coupaient dans les deux sens. La lame s'enfonçait dans l'arbre du côté opposé à l'entaille. Quand elle avait disparu, des coins étaient enfoncés derrière pour que l'arbre ne puisse l'immobiliser en la serrant, et pour en guider aussi la chute. Chaque scieur tirait vers lui alternativement de toutes ses forces.

La « pitoune »

La fameuse pitoune était à cette époque écorcée au moment de la montée de la sève du printemps, ce qui donnait un bois lisse comme un ver. C'était d'une beauté! De la vraie haute couture en comparaison avec l'écorçage mécanique des papetières.

Pendant ces années, quand il fallait bûcher l'été, le bois restait en forêt pour être sorti plus tard. Il fallait attendre les gelées de décembre, parfois même jusqu'au temps des fêtes pour procéder. À ce moment-là, le tracteur passait dans les *swamps*, les terrains marécageux. Il traçait des chemins que faisait durcir le gel. Les camions pouvaient alors sortir le bois facilement à un coût minime. C'était une époque où l'ingéniosité suppléait au manque de moyens techniques; où s'appliquait à la lettre l'adage selon lequel la nécessité est mère de l'invention.

CHAPITRE

7

La passion de la forêt, 1950-1960

La forêt abitibienne

L'Abitibi est un véritable pays de transition. Quand on le parcourt du sud au nord, on peut observer sur de longues distances la lente transformation d'un paysage de sapinières marqué de contrastes remarquables.

Au sud, s'étend une zone de bouleaux jaunes mêlés d'érables. Puis, en allant vers le nord, aux bouleaux blancs s'ajoutent progressivement des milliers de sapins. Dans cette partie septentrionale, la forêt se caractérise par l'omniprésence de l'épinette noire, parsemée de trembles et de pins gris. Comme le climat y est un peu moins chaud que dans le sud, il faut à ces arbres une plus longue durée de croissance. C'est cet ensemble de conditions qui leur donne une fibre très dense et une qualité remarquable.

La désignation des lieux

En Abitibi, comme au Témiscamingue, les noms de lieux ont des origines diverses : amérindienne, anglaise et française. Quantité de noms déjà en usage chez les Amérindiens furent consignés par les missionnaires, les explorateurs, les géologues et les arpenteurs. Ce sont des appellations descriptives et toujours teintées de merveilleux : « Abitibi », eaux mitoyennes, « Témiscamingue », eaux profondes, « Harricana », dur à monter, « Waswanipi », pêche au flambeau, « Matagami », lac qui reçoit les eaux de plusieurs rivières, etc.

De leur côté, à la fin du XIXe siècle, les anglophones contribuèrent aussi à la toponymie régionale. Au Témiscamingue, ce sont des industriels forestiers qui ont laissé leurs noms : les Booth, Gillies, Klock, Bronson, Bryson. En Abitibi, ce sont surtout les géologues, explorateurs et prospecteurs : les Bell, O'Sullivan, Siscoe, Peter-Brown, McWatters.

Avec la colonisation agricole du premier quart de ce siècle apparurent un grand nombre d'appellations françaises. Elles sont dues soit à des oblats, comme Mazenod, évêque de Marseille et fondateur de cet ordre, et Moffet, ou des ingénieurs, des sous-ministres, des arpenteurs au service du ministère des Terres et Forêts, comme Alphonse Blouin, qui a donné son nom à un lac près de Val-d'Or.

De même les villes furent souvent nommées en l'honneur d'hommes politiques et, même, de leur épouse. La ville d'Amos doit son nom à la femme de Lomer Gouin, premier ministre du Québec à l'époque de la fondation de la ville en 1925. Des colons ont aussi laissé leur nom, comme les Turcotte, les Trudelle. Mais personne ne sait au juste l'origine du nom de Val-d'Or donné à la municipalité de village créée en 1935, si ce n'est qu'elle se trouve au cœur d'une riche région entre Dubuisson et Bourlamaque, qu'on appelait La Vallée-de-l'Or. Et c'est surtout avec le nom des cantons que la toponymie française s'est imposée.

Les cantons

Le mot canton désigne une unité territoriale qui date des instructions royales de 1793 et qui a été conservée dans le mode administratif actuel. C'est un système de division du territoire, généralement rectangulaire, dont le but premier était d'accorder à des particuliers des terres publiques libres de toute redevance. La superficie d'un canton est généralement de cent milles carrés.

À l'origine, c'est uniquement le terme *township* qui sera utilisé. Il fallut près de cent ans avant que le mot canton ne soit employé pour la première fois, en 1862, par l'écrivain Antoine Gérin-Lajoie, dans son roman *Jean Rivard*, publié dans *Les Soirées canadiennes* et considéré comme le premier vrai roman du colon canadien.

Les armées de Montcalm

La plupart des cantons de l'Abitibi furent nommés d'après les régiments et les officiers des armées de Montcalm. C'est en 1908 que le ministre des Terres et Forêts, Adélard Turgeon, prit cette initiative, dont on peut lire le détail dans le rapport annuel de son ministère.

Les noms de régiments se retrouvent d'ouest en est le long de la ligne de chemin de fer du Transcontinental à partir de la frontière ontarienne, rangés en ordre de bataille, comme ils l'avaient été sur les Plaines d'Abraham en 1759. Les sept premiers sont : La Reine, La Sarre, Royal-Roussillon, Languedoc, Guyenne, Berry et Béarn. Au sud de ces cantons, les noms ont été choisis parmi la liste des officiers et soldats recommandés pour promotion, décoration ou services signalés au roi de France par le chevalier de Lévis et ceux des officiers attachés à ces corps. L'appellation de Bartouille rappelle le souvenir d'un lieutenant du régiment de Berry de l'armée de Montcalm.

Pour ce qui est du canton de Comtois, créé en 1946, il tient son nom de l'abbé Alfred Odilon Comtois, né en 1876 et mort en 1945. Prêtre et professeur au séminaire de Trois-Rivières, il fut l'évêque de ce diocèse à partir de 1935 et il eut comme élève le jeune Maurice Duplessis.

Le métier de forestier

Gérard Saucier est entré dans la forêt un peu comme on entre en religion. Il vit au milieu des épinettes noires et des pins gris, dans les cantons de Bartouille et de Laas (qui doit son nom au sieur de Laas de Gestède, capitaine du régiment de La Reine). Il connaît la forêt en l'habitant, et il y apprend son métier en le pratiquant, au ras du sol. Ceci explique le fait qu'il resta toujours un homme de terrain, habité par la passion de la forêt.

Gérard, au milieu des épinettes noires et des pins gris, dans le canton de Bartouille, 1950.

Cette passion, Gérard la partage très tôt avec ses frères. Il est souvent accompagné des plus jeunes, et ce, dès ses débuts. Jean-Paul, son cadet de dix ans, travaille souvent avec lui comme contremaître. Ils vivent en forêt presque toute l'année. Ils sont dans leur élément et on se plaît à raconter qu'ils ne s'y perdent jamais. Ils ont développé une connaissance intuitive de la nature.

« Marcher le bois » est une expression populaire qui signifie qu'en marchant dans le bois, il est possible de reconnaître la nature du sol, de repérer les bonnes espèces d'arbre aussi bien qu'évaluer leur âge. Ce que les frères Saucier savent faire le plus naturellement du monde. Et pour ouvrir les chemins avec la hache, pour les « plaquer », ils sont imbattables.

Une connaissance instinctive

C'est par son exceptionnelle connaissance de la forêt et sa rigueur d'observation autant que par sa discipline que Gérard suscite l'admiration de ses collaborateurs. Par exemple, quand il se tient debout parmi les arbres, il a une façon bien à lui, calme et réfléchie, de compter et de calculer les quantités d'arbres à abattre, le prix de revient à l'unité, les profits et les pertes. Sa manière de faire et son aisance étonnent son entourage. On dit qu'il compte dans sa tête et qu'il utilise rarement le crayon. On lui prête une immense intuition : il sent et il sait. Généralement, les savants calculs des compagnies papetières correspondent à peu de chose près aux résultats auxquels il est lui-même arrivé, le plus naturellement du monde.

En matière de finances et de comptabilité, il sait aussi compter et calculer ; il se révèle un entrepreneur talentueux. Mais il n'est pas riche. Pendant les années 1950, il se trouve au bas de l'échelle. Comme le dit un ami de l'époque : « Il attachait pas son chien avec des saucisses ! »

Il planifie ses opérations avec beaucoup de prudence et il est économe. De plus, et il le répète à qui veut l'entendre, le budget familial est parcimonieusement géré par Yvette, qui sait éviter les dépenses inutiles. « Si elle avait été dépensière, dira-t-il plus tard, je serais pas arrivé où je suis. »

Réaliste et discipliné

Beaucoup d'hommes voudraient alors devenir riches, et vite, comme par magie. Beaucoup de rêves de grandeur ne se seront pas réalisés. Au manque de réalisme peuvent s'ajouter des défauts d'organisation ou de discipline, sans compter les problèmes nombreux engendrés par la consommation immodérée d'alcool, si courante en ces temps et lieux. C'en est presque une tradition : une fois sortis du bois, nombreux sont ceux qui, pour oublier leur solitude ou la dureté de leur condition, « partent sur une brosse » et y laissent toute leur fortune ! Comment alors s'enrichir ? À Val-d'Or, le *Château-Louis,* le *Moose* ou l'hôtel *Dumont* sont de fidèles témoins de cette époque.

Gérard Saucier, lui, veut réussir. Il a de l'ambition et le goût du travail. Il est honnête, réaliste, patient et, il faut bien le reconnaître, fort doué. En apprenant son métier avec Jean-Baptiste Lebel, il a dès le début suivi le modèle d'un expert. « Bûcher » avec cet homme a été pour lui la grande école, un peu comme dans les temps anciens du compagnonnage, où le « compagnon » faisait un stage chez un maître et devenait à son tour artisan.

Jean-Baptiste Lebel, pionnier de l'Abitibi

Jean-Baptiste Lebel ne se contenta pas d'être un entrepreneur dynamique. Grand pionnier de l'Abitibi, c'était à la fois un défricheur, un bâtisseur et un créateur : un homme de projet et de vision. On dit même qu'il aurait été de ceux qui ont convaincu Jean Lesage de présenter sa candidature à la direction du Parti libéral du Québec. Par ailleurs, Jean Lesage le respectait et prêtait une oreille attentive à tout ce qui concernait l'exploitation du Nord.

Canadien-français typique né en 1888 au Lac-Saint-Jean, à Saint-Cœur-de-Marie, Jean-Baptiste Lebel fut bûcheron dès l'âge de treize ans. En 1923, il s'installa au cœur de la forêt de la Haute-Mauricie, à Parent. De 1931 à 1938, il se retrouvait à Clova. C'était le début de sa carrière d'entrepreneur. De 1938 à 1940, il travailla à Colombière. En 1940, il s'associa à un entrepreneur forestier du Lac-Saint-Jean pour former la compagnie Lebel et Murdoch, qui exécutait des contrats d'approvisionnement avec la Consolidated Paper Company.

Gracieuseté de Madame Sigrid Mosseau

Jean-Baptiste Lebel

En 1948, il s'établit à Rapides-des-Cèdres, dans la zone forestière de Bartouille, tout près de l'endroit où la route de Chibougamau franchit la rivière Bell. Il vendait alors sa production à la compagnie Howard Smith Paper. Lui-même n'eut jamais de droit de coupe d'aucun gouvernement. Cependant, grâce à sa réputation, à son administration et à sa façon d'exploiter ses chantiers, les compagnies papetières lui accordaient leur confiance. Il établit ensuite son *office* à Senneterre, sur la 10e Avenue, cinquante milles au sud de son camp de Rapides-des-Cèdres.

Les grands projets du Nord

Jean-Baptiste Lebel est en quelque sorte considéré comme le père du développement hydroélectrique du Nord. Dès les années 1950, il s'intéressa à la construction de barrages sur les rivières Harricana, Nottaway, Broadback et Rupert. Comme membre du Conseil d'orientation économique du Québec, il préconisa, avant tout autre, la création d'une sorte de ceinture d'électricité alimentée par la Manicouagan et la Nottaway pour assurer à la province un approvisionnement énergétique considérable, fiable et constant.

Ses nombreuses initiatives et activités dans des domaines variés contribuèrent grandement à l'essor de la région abitibienne, aussi bien en agriculture que dans le domaine des mines, avec la fonderie de Noranda, ou celui des chemins de fer, avec le prolongement Barraute-Beattyville-Chibougamau. Il s'occupa aussi du transport de cargaison par tracteur entre Rapides-des-Cèdres et Chapais, pour les barils d'huile et d'essence ou divers équipements destinés à l'industrie minière. Et finalement, il participa à la construction de routes pour relier les municipalités.

On reconnaît aujourd'hui que Jean-Baptiste Lebel est celui qui donna le ton à la modernisation des opérations forestières en Abitibi. Il collabora à l'instauration des méthodes de mécanisation du travail en forêt ainsi qu'à l'ouverture de nouveaux réseaux routiers pour assurer pendant les douze mois de l'année la circulation et le transport en forêt. Son but demeura l'essor de la région et la création d'emplois.

Le rêve d'une papetière

L'industrie forestière a favorisé la croissance rapide de certaines localités et le progrès de la région. Avec le bois de sciage, le bois à pâte est devenu l'objet d'une exploitation toujours intensive. Il y avait beaucoup de petits entrepreneurs, à la différence du Témiscamingue où les forêts ont été massivement vendues aux compagnies papetières.

En Abitibi, les nombreuses petites scieries appartiennent le plus souvent à des entrepreneurs canadiens-français, enracinés dans le milieu. En 1920, on en compte déjà près de quarante. On les retrouve le long du chemin de fer, à La Sarre, avec Henri Perron, à Macamic avec Louis-Napoléon Boisclair, à Amos, avec Frank Blais et les frères Beauchemin. Des scieries plus importantes sont installées à Senneterre.

Jean-Baptiste Lebel aime l'Abitibi. Il n'accepte pas que le bois du nord soit expédié tel quel au sud, par train, vers les marchés productifs du Canada et des États-Unis. Il est convaincu qu'il faut traiter le bois sur place et le « finir » dans la région. Il faut donc penser à un complexe intégré comprenant une industrie qui fabrique le papier. À titre de commissaire industriel de la Fédération des chambres de commerce de la région, il est le premier à se faire le promoteur acharné d'une usine de pâtes et papiers dans l'est de l'Abitibi.

Maurice Duplessis et les années 1950

L'exploitation forestière, au début des années 1950, profitait de la reprise économique. La demande accrue des produits du bois et du papier avait entraîné une augmentation de la coupe. Cependant, ces années furent avant tout marquées par la puissante stature du premier ministre Maurice Duplessis. Depuis la fin de la guerre jusqu'à sa mort en septembre 1959, à Schefferville, il domina l'État et la vie politique québécoise autant que son parti, l'Union nationale. Ce qui caractérisa cette époque du duplessisme, c'est un sens très conservateur de l'autorité et une direction quasi despotique qui se manifestait dans plusieurs domaines.

Duplessis, c'était le chef qui connaissait tout et contrôlait tout dans le moindre détail. Au cabinet, il cumulait les fonctions de premier ministre et de procureur général (ministre de la Justice), et son pouvoir se faisait sentir directement sur l'ensemble des ministères. Il bénéficiait de l'appui d'une grande partie de l'élite traditionnelle et du clergé, lesquels se sentaient l'un comme l'autre menacés par le processus de modernisation. Dans le domaine des richesses naturelles, plus spécialement dans le secteur des terres et forêts, la présence de Maurice Duplessis aura été, à vrai dire, envahissante.

Gérard Saucier, libéral

En ces années 1950, comment Gérard Saucier compose-t-il avec la politique forestière de l'époque « bleue » ? Duplessis n'apporte pas de grand changement dans le domaine, surtout en ce qui a trait au système des concessions forestières et au paiement des droits de coupe. C'est encore le règne des grandes compagnies papetières. Quant aux petits concessionnaires, ils dépendent directement de l'Union nationale. Comme Gérard Saucier est un partisan et un militant libéral notoire, il ne peut rêver d'obtenir une concession. Mais grâce à son talent comme à sa compétence, et par son association avec le père Lebel qui est l'homme des grandes compagnies, il obtient suffisamment de contrats pour faire vivre sa famille.

L'évolution du travail en forêt

Au cours des années 1950, au Québec, comme ailleurs au Canada, commence la transformation des procédés de foresterie. La force de la machine remplace progressivement celle des bras, des reins et des chevaux. La scie mécanique et les engins perfectionnés pour les diverses opérations de coupe, d'ébranchage et de charroyage font ça et là leur apparition et remplacent les anciens outils. La mécanisation de la coupe du bois et du transport va bientôt engendrer une hausse importante de la productivité.

Gérard Saucier n'est pas en reste. Il ne cesse jamais de s'informer et de s'adapter au progrès. Au printemps de 1954, il commande à Montréal, chez Hewitt Equipment Limited, les engins modernes de l'époque, en l'occurrence :

- Un bulldozer de marque Caterpillar, modèle 2a hydraulique à lame orientable. Poids, 1 895 livres. Prix, 1 689 $.
- Un contrôle hydraulique n° 44, pouvant s'adapter, soit avec le bulldozer décrit ci-dessus, soit à la chargeuse modèle LW2. Poids, 420 livres. Prix, 558 $.
- Une chargeuse de marque Caterpillar, modèle LW2, avec combinaison de benne, lame de bulldozer et fourche. La benne a 54 pouces de largeur, a une capacité de 3/8 de verges cubes. Cela inclut boyau, attaches et contrôle hydraulique pouvant être adaptés. Poids, 2 305 livres. Prix, 1 207 $.

Au milieu des années 1950, les entrepreneurs vont de l'avant et s'adaptent aux nouvelles demandes. Le métier de bûcheron se transforme. L'abattage, moins saisonnier, devient une activité professionnelle qui dure presque toute l'année. Ces bouleversements entraînent une diminution marquée de la main-d'œuvre.

Néanmoins, le progrès n'atteignait pas tous les chantiers en même temps. Dans certaines zones éloignées de l'Abitibi, les méthodes traditionnelles restent à l'honneur pendant quelques années encore.

Une troisième fille

Au début de février 1951, les Saucier, Yvette, Gérard et leurs deux filles Guylaine et Céline, accueillaient une autre petite fille, Sylvie. Sans doute les fées de la forêt se tenaient-elles à son berceau pour suggérer aux parents, qui n'ont pas appris le latin, le nom d'une déesse des bois et des forêts, « Sylva » ! Pour un bébé Saucier, on ne peut choisir plus beau prénom. Comme pour lui faire savoir qu'on ne lui en voulait pas trop de ne pas être un garçon !

Les chantiers des années 1950

En 1951 et 1952, Gérard Saucier se voit confier un chantier près de la rivière Capitachouane, dans une concession forestière des Lacroix de la Beauce. À partir de cette époque, Yvette et les filles ne vont plus au camp que l'été. Guylaine va commencer l'école, il faut rester à Val-d'Or. Yvette se rappelle bien ces années : « On a travaillé fort. Ça n'a pas toujours été facile. Mais on s'en faisait pas trop avec ça. Tout nous semblait normal. C'était l'époque ! »

En 1952 et 1953, Gérard est dans la petite localité de Rapides-des-Cèdres, puis à Beattyville, toujours avec Jean-Baptiste Lebel et Howard Smith. Stanley Mongrain a encore aujourd'hui en mémoire les années où il bûchait dans cette région :

« C'était l'enfer ! Y avait pas de chemin en 1950. Y avait juste un chemin d'hiver à partir de Senneterre. Pour aller à Rapides-des-Cèdres, on prenait l'train à Barraute pis on montait jusqu'à Beattyville. Rendu là, l'train arrêtait là, y allait pas plus loin. On débarquait là. Pis là, y avait un camion. Le bonhomme Lebel avait un camion avec des aiguebelles, là. Pis on embarquait là-d'dans, pareils comme des moutons. Le bonhomme... C'était paqueté d'gars, des gars chauds là-d'dans, envoye par là, ça brassait...

Gérard, Yvette et leurs trois filles, Guylaine, Céline et Sylvie, au millage 34, dans le canton Bartouille, été 1951.

« Quand on arrivait dans les côtes, y fallait débarquer du *truck*, pis prendre des câbles et tirer le *truck* qui était calé dans la boue. Pis nous autres on s'accrochait après ça. C'est fort une gang d'hommes avec des câbles, pis on tirait le *truck*, on l'sortait de d'là, pis on s'rendait aux Rapides-des-Cèdres. Pis là en arrivant aux rapides, y avait un pont de bois en réparation. Le plancher était fini. Y réparaient le plancher, y avait juste des planches, y mettaient des madriers d'une certaine largeur pour traverser avant qu'y fassent les travers. Y fallait traverser là. Quand t'as pris un coup, t'arrivais là, pis tu voyais couler la rivière, est assez grosse, y a du courant là. C'était quèqu' chose ! [...]

« Le premier soir, j'arrive au camp du bonhomme. Le commis me dit que dans l'camp d'à-côté y avait d'la place pour coucher. C'était juste des *springs*, pas de matelas, pas de paillasse, y avait rien. [...]

« Le bois était descendu en camion, des petits *trucks*, des trois tonnes avec des bardeuses de quatre tonnes, y mettaient quatre ou cinq cordes là-dedans. T'entendais le pont de bois craquer, y a jamais eu d'accidents. Y descendaient ça à Beattyville, pis là, y embarquaient ça dans les chars pis y envoyaient ça à Trois-Rivières. »

Sur la rivière Iserhoff

De 1954 à 1956, Gérard Saucier a *jobbé* plus au nord, dans le canton de Bourbaux, avec son frère Jean-Paul qui raconte :

« J'bûchais à la rivière Iserhoff à l'automne, puis j'redescendais à Bartouille en hiver. À Iserhoff, on sortait l'bois par Miquelon, qui s'appelait O'Sullivan dans l'temps, sur des chemins d'hiver. C'est Edgard qui avait la coupe de bois dans ce temps-là, sous Miquelon qui était député de l'Union nationale. Il coupait pour Turcotte et Careau qui avaient un moulin à scie à la rivière Iserhoff. Edgard était "bleu". Dans ce temps-là, la politique, c'était bien plus fort qu'aujourd'hui ! »

Un fin négociateur

Comme ceux qui « maîtrisent leurs dossiers », Gérard Saucier connaît à fond ses hommes et son territoire de coupe. Il effectue sa planification en fonction des employés. En fin négociateur, il est passé maître dans l'art de la distribution des « patches de bois ». Voilà une fonction très difficile. Comme les meilleures sections rapportent davantage, l'opération demeure délicate. Il faut une distribution juste. Comment satisfaire tout le monde ? Quand on reçoit une belle section, on peut s'attendre à en recevoir une suivante plus ordinaire.

Un jour, un bûcheron « critiqueux » refuse un territoire qui ne lui plaît pas ; il n'est d'ailleurs jamais content. Ce n'est qu'après une longue marche en forêt avec Gérard Saucier qu'il finit par accepter une section qui lui est proposée. Il se met à bûcher. Après avoir abattu un certain nombre d'arbres, 1 500 pieds plus loin, il constate qu'il se retrouve à l'autre bout de la *patch* refusée au début. Présentée à l'envers, elle lui est apparue acceptable !

Habituellement posé et très pondéré, Gérard Saucier sait comment s'y prendre pour en arriver à un accord. Il est rusé et même très fin. Le négociateur avait ses « trucs », avec toujours en tête une solution prête ou encore une porte de sortie pour clore un débat de manière qu'il n'y ait pas de perdant.

L'arrivée des garçons

À la fin d'avril 1954, c'est la surprise. Du « vrai nouveau », cette fois, comme on disait en ville ! Enfin un petit frère dans le clan des filles. Un premier garçon : Pierre. Puis, dix-huit mois plus tard, en octobre 1955, sans doute pour jouer au hockey avec lui, un deuxième fils, Richard, vient à son tour grossir les rangs des Saucier.

Avec cinq enfants, le logis de la 2e Avenue est devenu trop petit. Il faut absolument penser à un nouveau domicile. La construction d'une maison adaptée aux besoins de la famille est donc planifiée. Le 12 octobre 1955, Gérard achète un terrain sur la 5e Rue, à Val-d'Or, en face de l'église. Un an après, les Saucier occupent leur nouvelle maison.

Jusque-là, Yvette a assumé presque seule la gérance de la maison et l'éducation des enfants tout en collaborant de façon diverse à la carrière de son mari. La voilà enfin installée à son aise. Chacun a son espace vital, surtout les enfants, qui, à ce qu'on raconte, sont plutôt turbulents et ne manquent pas d'énergie !

Des années de récession

À l'automne 1956, ce déménagement des Saucier dans une grande maison n'est pas l'effet d'une rentrée exceptionnelle d'argent. Au contraire, l'économie du Québec devait connaître, à partir de cette année-là, un essoufflement certain. Les historiens soulignent le fait que les économies européennes ont eu le temps de se relever de la guerre et que les pays du tiers-monde ont accéléré l'exploitation de leurs propres richesses naturelles. La surabondance de matières premières sur le marché international a encombré le marché domestique.

La politique budgétaire conservatrice du gouvernement québécois n'a fait que contribuer au ralentissement de l'économie. De 1957 à 1961, la croissance économique n'atteint que 3,9 % et les investissements progressent au rythme de 2 % par année, comparativement à 14 % durant les années précédentes. Le Nord n'a cessé de se développer : des routes furent construites ainsi que, pendant les années 1956 et 1957, la ligne de chemin de fer reliant Senneterre et Chibougamau.

Les régions sont durement touchées par le chômage. Un grand nombre de petites scieries disparaissent au profit de plus importantes usines de sciage. Même si la production a augmenté de 40 % entre 1940 et 1960, les temps sont durs et les emplois de plus en plus rares.

Gérard Saucier fait siennes ces inquiétudes. Il écrit à son jeune frère Jean-Louis, le 19 septembre 1956 :

« Je n'ai pas de chantier encore. Je crois bien que ce sera tranquille pour l'automne. Edgard était supposer (*sic*) aller voir des coupes de bois en avion au-dessus du Bachelor Lake, mais ce matin ici il neige… »

Quelques mois plus tard, en mai 1957, il lui écrit à Great Whale River, dans la baie d'Hudson :

« En reponse a la tienne de date recente, ainsi que ton chèque de 600 $ qui m'a beaucoup aider, car ce printemps, j'en avait beaucoup de besoins. Une partie du bois vendu, je serai payer seulement qu'a l'automne, et c'est pour la raison que ça va pas toujours bien et les banques sont très dure aussi.

« Je serais supposer commencer mon chantier la semaine prochaine, mais le chantier ne sera pas gros cette année. Il y aura peut-être des augmentations. Tu trouve l'ouvrage dur pour commencer, mais il faut souvent endurer, car je te dit qu'il a beaucoup de monde à rien faire et qui voudrait travailler de ce temps-ci. Essaille de te tenir toujour en bon compte avec ta compagnie. Peut-être que leur prochain contrat, ils seront pas aussi isolé. »

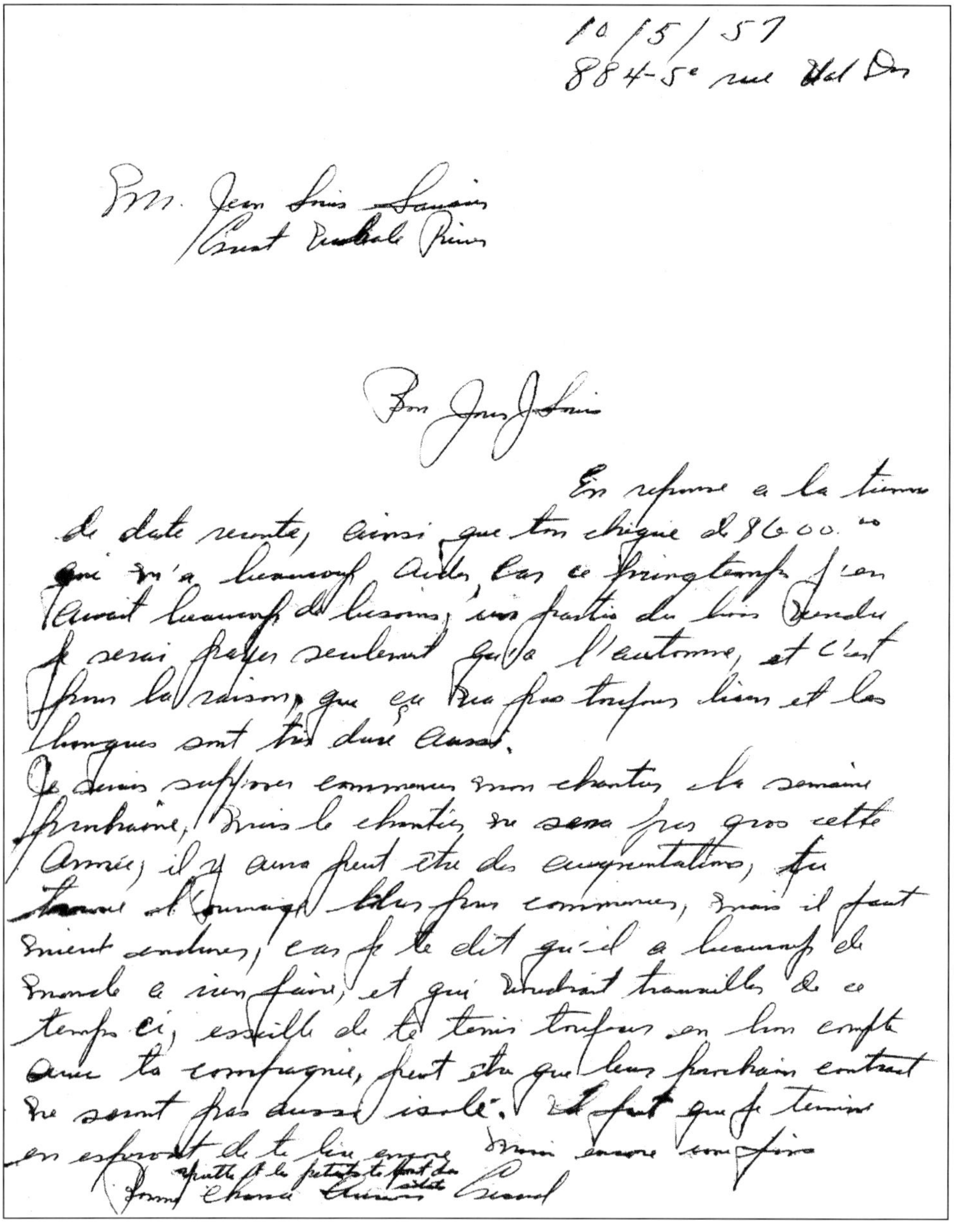

10/5/57
884-5e rue Val d'Or

M. Jean Louis [illegible]
[illegible]

Bon Jean Louis

En réponse à ta lettre de date récente, ainsi que ton chèque de 8600.00 qui m'a beaucoup aidé, car ce printemps j'en avait beaucoup de besoin, une partie du bois vendu je serai payé seulement qu'à l'automne, et c'est pour la raison que ça va pas toujours bien et les [illegible] sont très dure aussi.

Je devais supposé commencer mon chantier la semaine prochaine, mais le chantier ne sera pas gros cette année, il y aura peut être des augmentations, [illegible] et [illegible] plus pour commencer, mais il faut mieux endurer, car je te dit qu'il a beaucoup de monde à rien faire, et qui voudrait travailler de ce temps ci, essaye de te tenir toujours en bon compte avec ta compagnie, peut être que leurs prochain contrat ne seront pas aussi isolé. Il faut que je termine en espérant de te lire encore mon encore ton frère

[illegible] Bonne chance [illegible] Gérard

Lettre de Gérard à son frère Jean-Louis, 10 mai 1957.

Le voyage au bout du monde

De 1957 à 1960, Gérard Saucier travaille encore dans la zone forestière de Bartouille pour Jean-Baptiste Lebel et la compagnie Howard Smith. Le chantier est important avec ses 220 hommes. Il y a, avec ses chemins difficiles en toute saison, la « cache » du père Lebel, une sorte de dépôt où les *jobbers* se procurent différentes sortes de vivres, y compris de la viande.

Avec ses allées et venues au chantier, la grosse *Chrysler* de Gérard en a vu de toutes les couleurs ! Les enfants Saucier se souviennent encore des voyages à Rapides-des-Cèdres où ils arrivaient épuisés et blancs comme des draps. Pour Pierre, c'était rien de moins que « la fin du monde ». À l'école, au cours de la leçon d'histoire sainte, la maîtresse avait tenté d'expliquer aux enfants ce que pouvait être la fin du monde. Comme il se sentait mort de fatigue en allant à Rapides-des-Cèdres, Pierre avait cru comprendre que c'était là à la fois le bout du monde et la fin des temps !

La parole donnée

Luc Lebel n'a pas oublié les relations de Gérard Saucier avec son père Jean-Baptiste, et il les résume ainsi : « Avec Gérard Saucier, mon père a toujours été bien servi, les commandes étaient respectées. Ils travaillaient en confiance, sans jamais signer de contrat. Les trois quarts des ententes se faisaient sans autre garantie que la parole donnée. Dans ce temps-là, le monde était plus fiable. On dirait qu'aujourd'hui l'honneur n'est plus le même. »

La parole, dans la plus pure tradition paysanne, était sacrée. Elle valait plus que n'importe quel papier signé. C'était un engagement d'honneur, une affaire d'homme à homme. Gérard Saucier est toujours resté attaché à cette tradition des ententes « sur parole ». Pour lui, les « papiers signés » n'ont jamais valu autant que la parole donnée.

Son vieil ami Wilfrid Marquis parle toujours de lui comme d'un gars de parole : « Gérard, quand il disait quelque chose à un homme, il tenait sa parole. C'était un gars honnête. C'est pas long que les gens détectent ça. C'est comme ça que Gérard a commencé à se faire un nom, avec les hommes et avec la compagnie papetière. »

Tous s'accordent à dire que ses relations d'affaires se fondaient avant tout sur la confiance. Cela faisait partie de sa nature que de faire des échanges sur la base de la parole donnée plutôt que sur celle de signatures au bas d'un écrit. Les avocats, « hommes de contrats » qu'il ne fréquentait pas plus qu'il ne le fallait, s'étonnaient de le voir parfois s'arranger d'un tout petit bout de papier pour d'importantes transactions, même avec une grande papetière, et cette façon de faire dura très longtemps. Ce n'est pas qu'il était hostile aux contrats, mais cela ne lui paraissait pas l'essentiel. Il a fallu le convaincre de leur nécessité, qu'il a bien fini par accepter.

Le climat politique de la fin des années 1950

Dans tout ce qui touchait au domaine forestier, le rôle de la politique était alors envahissant. Maurice Duplessis était au centre de toutes les décisions. Le fait de ne pas être « bleu » rendait évidemment difficile la réalisation des projets. Dans tous les domaines, le pouvoir décisionnel était fort et centralisé.

Gérard Saucier était animé comme plusieurs par un besoin de renouveau. Poussé et encouragé par Jean-Baptiste Lebel, c'est pour changer la situation et plus encore pour aller de l'avant dans le progrès de l'Abitibi qu'il se mêla avec passion à la politique provinciale. Il s'était d'ailleurs, depuis quelques années déjà, mis au service de la cause politique et du programme du Parti libéral.

Des élections en vue

Maurice Duplessis, qui semblait éternel, rendait l'âme à Shefferville le 7 septembre 1959. Son héritier, Paul Sauvé, régna cent jours. De nouvelles élections furent annoncées pour le 22 juin 1960.

Gérard Saucier appuya la campagne électorale du candidat libéral de son comté, l'avocat Lucien Cliche. Les deux hommes, qui s'étaient connus au début des années 1950, se respectaient mutuellement.

Lucien Cliche se présentait comme député du comté de la circonscription électorale d'Abitibi-Est, contre le nouveau ministre des Terres et Forêts d'alors, Jacques Miquelon. Avec le docteur Marc Mercier, militant libéral, Gérard Saucier participa aux réunions électorales et au financement de la campagne, par exemple à l'achat de temps d'antenne à la télévision. Ce procédé technique avait, ces années-là, tout l'aura de la nouveauté.

En noir et blanc et souvent avec une image brouillée qui faisait penser à une bordée de neige, les émissions de télévision, pourtant limitées à quelques heures par jour, représentaient le moyen moderne par excellence pour défendre une cause et toucher les électeurs ainsi que les électrices.

À Rouyn, les studios n'étaient pas encore organisés ; on les avait installés dans une bâtisse qui ressemblait à une grange. L'éclairage éblouissait et aveuglait littéralement les invités. Lucien Cliche se rappelle qu'au milieu des mouches qui vagabondaient librement sur le plateau, il essayait tant bien que mal de rassembler ses idées pour livrer son message.

Toujours à l'écoute et prêt à s'adapter aux progrès, Gérard Saucier n'hésite pas à s'associer à la défense des idées nouvelles aussi bien qu'à ce nouveau moyen de communication. Surtout, il croit au programme du Parti libéral, qui correspond à ses aspirations. Il convient de le rappeler : il fallait alors un certain courage et même de la foi pour militer contre le parti au pouvoir. Les chances semblaient bien minces, à l'époque, de voir se réaliser un jour quelque changement que ce soit.

CHAPITRE

8

Les années de consolidation, 1960-1966

La victoire libérale de juin 1960

Au soir du 22 juin 1960, Gérard Saucier est un homme heureux. Le comté d'Abitibi-Est a un nouveau député, le libéral Lucien Cliche, qui se souvient bien de l'époque :

« Gérard s'occupait alors de ses coupes de bois. Je le connaissais comme un homme bien assidu à son travail. Un homme qui avait toujours de bons mots pour ses employés avec qui il s'entendait très bien. Il avait de l'ordre dans ses affaires, il était sérieux.

« Quand je me suis présenté en politique, j'ai reçu une aide généreuse, un appui solide de Gérard, même si à ce moment-là, les possibilités d'être élu au pouvoir étaient très minces. Dans le domaine forestier, je n'avais pas tellement de supporteurs. Pour être reconnu comme libéral, à l'époque, il fallait avoir du cran, énormément. Pour celui qui n'était pas partisan de l'Union nationale et reconnu comme tel, ça finissait là : des coupes de bois, il n'en avait pas. »

L'élection n'a pas été facile. Le comté d'Abitibi-Est appartenait depuis plusieurs années au député et nouveau ministre des Terres et Forêts de l'Union nationale, Jacques Miquelon. Tout laissait croire qu'il était invincible.

Avec son slogan « C'est le temps que ça change ! », le Parti libéral est porté au pouvoir avec 51 des 95 sièges à l'Assemblée nationale. Cette victoire spectaculaire n'a cependant rien d'un balayage : les résultats sont partout très serrés ; 61 députés ont une majorité inférieure à 10 %. Ce succès est l'aboutissement d'une longue lutte contre un gouvernement réactionnaire qui, au pouvoir depuis seize ans, était considéré comme anachronique.

Une équipe du tonnerre

Le début des années 1960 est ainsi marqué par cette élection d'une « équipe du tonnerre » du Parti libéral du Québec, lequel entre alors dans une époque qu'on devait par la suite appeler la « Révolution tranquille », une période de réformes politiques, institutionnelles et sociales. Cette révolution s'inscrit par ailleurs dans un contexte international de renouveau. Les sociétés occidentales vivent à l'heure du changement, de la modernisation, du réformisme social et politique.

Gérard Saucier, militant libéral convaincu, a cru et travaillé de tout son cœur à ce changement de régime, comme le rappelle Lucien Cliche :

« C'est surtout dans les activités politiques que j'ai connu Gérard. C'était un libéral, comme moi. Mais c'est surtout Jean-Baptiste Lebel qui l'entraînait, qui le poussait à devenir actif en politique, à participer aux comités libéraux. À ce moment-là, on était dans l'Opposition, presque sans possibilité de venir au pouvoir, l'horizon était bouché, d'après la vision qu'on avait à l'époque.

« Monsieur Lebel continuait non seulement à parler de politique, mais à énoncer des projets de développement pour la région, c'est ce qui nous intéressait. Monsieur Lebel parlait même de développement hydroélectrique dans les années 1940, 1950 et 1960.

C'était le projet Nottaway, Broadback et Rupert qui le préoccupait à l'époque. Mais d'abord et avant tout, monsieur Lebel parlait d'un moulin à papier. »

Un militant engagé

Gérard Saucier aime la politique. Il s'intéresse avant tout à l'essor de l'Abitibi et de l'industrie forestière. L'élection du 22 juin 1960 représente, dans sa carrière d'entrepreneur, des années d'ouverture qui rendent possible la réalisation de ses projets.

Son frère Jean-Paul se rappelle ces années : « Gérard était pas ben parlant, mais quand y s'agissait de politique ou d'élections, y était pas silencieux ! Pis à ce sujet, y était malin. Y était pire que le père Lebel. Y avait même des fois de la rancune là-dessus. À Val-d'Or, y encourageait de préférence les marchands qui appartenaient au Parti libéral. »

Si Gérard est habituellement calme et pondéré, la politique peut le faire sortir de ses gonds. Aux élections fédérales de 1962, il est décontenancé par l'entrée fracassante de Réal Caouette et du Ralliement des Créditistes avec ses vingt-six députés du Québec. Au chantier du lac Opawica, à Desmaraisville, les hommes ont manifestement voté pour les créditistes. Il aimerait bien leur donner une leçon et mettre à la porte tous les créditistes ! Le problème, c'est qu'il perdrait tous ses hommes...

Un contrat de 10 000 cordes

Le 6 septembre 1960, tout en finissant son contrat dans la zone forestière de Bartouille avec Jean-Baptiste Lebel, Gérard Saucier obtient de Jos-Oscar Soucy, marchand de bois de Saint-Alexandre-de-Kamouraska, un nouveau contrat de 10 000 cordes à Desmaraisville, près du lac Opawica sur la limite de la Richmond Pulp & Paper Co. of Canada Ltd. Cette concession de la compagnie Kruger fournit à la Richmond Pulp & Paper de Bromptonville le quart du bois dont elle a besoin, soit près de 30 000 cordes.

Cette immense limite de 250 milles carrés est reliée à Bromptonville, en Estrie, par la ligne de chemin de fer du Canadien National. Elle forme un vaste rectangle dans la grande région à l'ouest de Chibougamau, le long du lac Opawica, une formation de la rivière Wetetnagani. La route entre Senneterre et Chibougamau est encore en construction et ne sera inaugurée qu'en septembre 1963. Le transport en voiture entre Senneterre, Rapides-des-Cèdres et Desmaraisville est une véritable aventure. Été comme hiver, il n'est jamais possible de prévoir l'heure d'arrivée au camp.

Le chantier du lac Opawica

Le camp Opawica a encore l'allure et le mode de fonctionnement des chantiers d'autrefois. Le transport du bois se fait au moyen de traîneaux, de neuf camions et de cinq tracteurs. Il y a, en tout, 22 attelages de chevaux que le frère de Gérard, Hermel, s'amuse à baptiser de noms tous plus farfelus les uns que les autres, comme Picoté, Queen, King, Coq ou même Carol.

Les hommes qui chargent le bois à bord de traîneaux ou de camions emploient la gaffe de fer, outil traditionnel des forestiers. Cette perche est munie d'un croc ou d'une pointe et sert à la manutention des billes. Les chargeuses mécaniques sont utilisées pour les plus gros rondins et pour les piles immobilisées dans la neige ou la glace. Le bois est soit empilé près de la voie ferrée ou au bord d'un chemin ouvert, soit chargé immédiatement à bord de wagons.

Les bûcherons travaillent seuls ou par équipe de deux et chacun possède sa scie mécanique, la fameuse *chainsaw*, maniée avec beaucoup de dextérité. De l'aube jusqu'au crépuscule, six jours par semaine, les hommes travaillent à la pièce : ils sont payés d'après le nombre de cordes produit.

À l'office

C'est dans ce camp d'Opawica que Céline Saucier, toute jeune, fait ses premières expériences de travail d'été à l'*office*. Elle vend des « palettes de chocolat » à cinq cents, des patates *chips*, des liqueurs, des bas, et surtout des cigarettes. Elle ne cesse de mettre de l'ordre sur ses tablettes et s'occupe de la *van*, c'est-à-dire qu'elle prend en note ce que les hommes achètent à crédit. Chacun doit donner son numéro et elle écrit la liste détaillée des achats dans un grand cahier. Elle se souvient encore de ses beaux chiffres alignés dans de grandes colonnes. À la fin du mois, tout est vérifié en détail par le commis Lévesque.

Gracieuseté de Kruger inc.

Le chantier du lac Opawica, à Desmaraisville, au millage 27, hiver 1963.

Gracieuseté de Kruger inc.

Gérard Saucier et Vianney Allard à Desmaraisville, hiver 1963.

Gracieuseté de Kruger inc.

Au chantier du lac Opawica, la mécanisation est plus présente…

Gracieuseté de Kruger inc.

… mais les chevaux y sont toujours à l'honneur, 1963.

Gracieuseté de Kruger inc.

Au chantier du lac Opawica, le bois est chargé sur des wagons, 1963.

Gracieuseté de Kruger inc.

La gaffe de fer...

Gracieuseté de Kruger inc.

... et la chainsaw *sont toujours utilisées, 1963.*

Céline se souvient aussi des Cris. Ces Amérindiens viennent parfois passer la soirée à l'*office*. Ils veulent voir ce qui s'y passe. Ils restent plantés là. Au bout d'une heure, ils achètent du chocolat en le montrant du doigt sur les tablettes. C'est le père et la mère qui le partagent en parts égales entre les enfants sans qu'il y ait le moindre désaccord. Après deux ou trois heures, les Cris repartent, comme ils sont venus, sans dire un mot.

Gérard Saucier les engage pour travailler, par intermittence, car ils sont souvent pris par leurs activités traditionnelles de chasse ou de pêche. Avec Jean-Paul, ils vont souvent en raquettes explorer le terrain : ils sont très doués dans ce domaine de prospection.

La cuisine et les dortoirs

La cuisine est l'âme du camp. C'est une véritable tradition. Le dur travail et l'air pur excitent l'appétit. Au petit matin, après un déjeuner copieux, les bûcherons gagnent l'aire de coupe. Ils prennent sur place, en le dévorant, le repas préparé par le *cook* : du lard, de la mélasse, des galettes. Ils reviennent au camp pour le souper en répondant à l'appel du *cook* qui frappe sur un triangle de fer suspendu à la porte de la cuisine.

Les gars passent la soirée à bavarder, à jouer aux cartes, et pour certains, à lire jusqu'à ce que le *showboy* signale l'heure du coucher, à huit heures cinquante. Il éteint les lumières à neuf heures pile. Une « truie » réchauffe le camp et contribue au séchage des vêtements qui pendent sur les cordes tendues au travers de la pièce. Il n'y a pas de « boisson » dans les camps. Pas question ! Malheur à celui qui ose cacher des bouteilles sous son lit. Mais cette interdiction est généralement respectée.

Gérard Saucier prêche d'exemple. Jamais il n'eut de penchant pour la dive bouteille. Son frère Jean-Paul évoque souvent sa rigueur et sa discipline. « Tu le voyais jamais dans un hôtel pour y passer une soirée. Pour lui, c'était du temps perdu. »

Les hommes aiment le camp. Vianney Allard raconte que le camp est populaire et attire beaucoup d'employés. « On était obligé de refuser des hommes. Y a des gars qui voulaient venir quand même, et qui trouvaient le moyen de se trouver une place à

Gracieuseté de Kruger inc.

Un dortoir…

Gracieuseté de Kruger inc.

… et la cuisine au chantier du lac Opawica, 1963.

quelque part pour coucher. Y voulaient travailler pour Gérard Saucier. C'était un meneur d'hommes, un véritable leader ! »

Toujours près de ses employés

Gérard Saucier est un homme de la forêt, un vrai, qui vit en amitié avec la nature aussi bien qu'avec ses « bûcheux ». Non seulement connaît-il le prénom et l'histoire de chacun, mais il reste en contact avec eux durant toute l'année, même en dehors des saisons des chantiers. En dehors des saisons des chantiers, beaucoup d'hommes connaissent la misère, « ils en arrachent », comme on dit encore aujourd'hui. Il arrive fréquemment à Gérard d'avoir à les secourir de différentes manières, souvent en leur prêtant de l'argent.

Par un beau dimanche matin, pendant la messe, un bûcheron entre dans l'église paroissiale de Val-d'Or dédiée à Notre-Dame-du-Rosaire-de-Fatima. Complètement saoul, il avance dans l'allée centrale en appelant d'une voix forte « Gérard ! Gérard Saucier ! » Le silence et la solennité des lieux accentuent l'incongruité de sa présence et son état d'ébriété. Gérard n'a pas le choix : il doit obtempérer à son injonction. Il quitte son banc par l'allée de côté pour le suivre à l'extérieur de l'église et lui payer un taxi qui l'amènera chez lui.

Il y a aussi les visites dominicales de ses hommes qui viennent à la maison demander de l'argent. Les enfants voient leur père sortir de ses poches un billet de 10 $ ou de 20 $. Il le leur donne en disant : « Que j'te voye pas au *Château-Louis*, ou au *Moose*, ou encore à la *Grange à Dumont*... C'est pour l'épicerie, t'as compris ? » L'argent sert parfois à prendre un taxi pour retourner au camp.

Au lac Denain

Entre août 1962 et fin février 1963, Gérard Saucier se retrouve entrepreneur pour la Canadian International Paper (CIP) dans un chantier situé au lac Denain, au sud de Val-d'Or. Il a avec lui François Chénard comme contremaître, un compagnon et ami depuis les chantiers de Monet en 1946 et 1947. L'endroit est difficile d'accès et sa topographie représente un vrai

Yvette, aux commandes d'un petit tracteur de marque **International.**

François Chénard, un vieux compagnon de route et ami de Gérard, au lac Denain, 1962.

défi. Le contrat de coupe, rédigé uniquement en anglais, comporte les spécificités suivantes :

« Dix mille cordes de bois (épicéa) à 17,50 $ la corde, doivent être coupées en 4 pieds ; le diamètre moyen des billots doit être de 9 pouces ; le camp regroupe 90 hommes, 20 chevaux, 1 écurie, 20 camions, 1 tracteur, 1 chargeur et 1 autobus. Le prix de construction des routes est de 400 $ le mille. »

Dans ce chantier du lac Denain, deux gars avaient essayé d'organiser une réunion de bûcherons pour parler de syndicalisation. Jean-Paul Saucier n'a jamais oublié cet incident : « Ils se sont fait sortir. Ils avaient été obligés de marcher pendant plusieurs milles dans le bois pour sortir ! »

Au lac Relique

À la fin de l'été 1963, Jos-Oscar Soucy vient chercher Gérard pour un nouveau contrat de coupe au lac Relique, toujours avec la Richmond Pulp and Paper, dans la grande concession de la compagnie Kruger du lac Opawica. Gérard devra bûcher de 25 000 à 30 000 cordes de bois à 14,50 $ pièce. Pour le surplus de 5 000 cordes, le prix est fixé à 14 $ la corde.

La mécanisation forestière bat son plein. Tout évolue rapidement. Qu'il s'agisse de l'abattage ou du façonnage des arbres aussi bien que du débardage, des machines performantes aux multiples fonctions ont pris la place de la hache et du coin : *slasher*, débusqueuses, tracteurs, etc.

Peu de temps auparavant, au lac Opawica, le bois était encore sorti du parterre de coupe avec les chevaux. Les hommes utilisaient toujours certains outils manuels parmi les plus simples.

Maîtres chez nous

Il y a encore des élections dans l'air. Dès l'automne 1962, pour consolider ses positions face à l'Union nationale de plus en plus désorganisée, le gouvernement décide de s'engager dans une nouvelle consultation populaire et de tenir des élections anticipées, le 14 novembre. Le début des années 1960 est marqué par l'intensité et l'effervescence de la vie politique : un indéniable effort de démocratisation. On sait que la victoire libérale du 22 juin 1960 a été serrée.

Pour que « ça change », il faut se donner les moyens. Le slogan de l'équipe du tonnerre de 1960 fait donc place au « Maîtres chez nous ». Le grand défi, c'est la bataille de l'électricité, une vaste opération de mise en valeur des ressources hydroélectriques, par l'aménagement de la rivière Manicouagan, entre autres.

L'enjeu, c'est la nationalisation des compagnies d'électricité privées. Dans sa campagne électorale, avec un slogan appuyé par la forte personnalité du ministre des Richesses naturelles, René Lévesque, le Parti libéral se fait le défenseur du nationalisme économique et du mouvement de réforme entamé en 1960. L'Union nationale continue d'invoquer la prudence et le « bon sens » conservateur.

Gracieuseté de Kruger inc.

Au lac Relique, Péa plaque le chemin pour son fils Gérard, hiver 1964.

Gérard, aux commandes d'un bulldozer de marque **Caterpillar.**
Au lac Relique, été 1964.

L'industrie du sciage en 1960

Où en est l'industrie du sciage en 1960 ? Comme le souligne Pierre Lamy dans son ouvrage *L'industrie du sciage au Québec*, même si une grande partie de la population vit de la forêt, « on pouvait difficilement parler d'une industrie forestière intégrée. Le secteur des pâtes et papiers était une réalité industrielle bien vivante. L'activité économique générée par l'industrie du bois de sciage, tout en étant très importante sur le plan social, restait toutefois très artisanale dans son organisation et son fonctionnement. D'ailleurs on parlait davantage, à l'époque, de moulin à scie que de complexe de sciage. »

Un peu partout au Québec, dans l'arrière-pays, dans chaque ville et chaque village, il y a un moulin à scie. On en recense près de 1 400, tous de petite taille. Ils emploient 13 000 personnes pour des activités saisonnières. Par ailleurs, l'industrie des pâtes et papiers possède 52 usines qui appartiennent à une dizaine de sociétés. Elles procurent de l'emploi à 26 000 personnes, avec une masse salariale sept fois supérieure à celle de l'industrie du sciage.

Au début des années 1960, la production globale des petits propriétaires de moulins à scie est annuellement de un milliard de pieds mesure de planche, ou p.m.p., soit la mesure de volume utilisée dans le bois de sciage, équivalant à 1″ × 12″ × 12″. Cependant, comme le souligne l'étude de Pierre Lamy, 90 % de ces petits propriétaires ont une production annuelle d'à peine 5 millions de p.m.p. La production moyenne par an et par unité fait tout juste un demi-million. Comme la plupart des usines ne disposent pas des capitaux requis pour installer des écorceuses et des déchiqueteuses, elles ne peuvent récupérer que les copeaux qui représentent jusqu'à 50 % de la matière ligneuse.

Quand on consulte les statistiques du ministère des Terres et Forêts sur le bois coupé au Québec durant l'année financière gouvernementale, du 1er avril 1962 au 31 mars 1963, on constate qu'un grand total de quelque 550 millions de pieds cubes ont été coupés au Québec, répartis selon la nature des produits exploités. Un peu plus des deux tiers pour les bois à pâte, près du tiers constitué par les sciages et autres bois d'œuvre, le reste par les bois de chauffage et autres produits d'importance moindre.

De nouvelles politiques forestières

L'industrie du bois semble donc en santé. Mais le gouvernement libéral doit apporter un changement de régime dans le domaine des droits de coupe et d'approvisionnement. Jusqu'alors, les neuf sociétés papetières dominent près de 92 % des superficies concédées et elles ont toujours la main haute sur la commercialisation. Les 8 % qui restent sont divisés entre 236 concessionnaires.

Les difficultés des petites entreprises

En proie à de sérieux problèmes d'approvisionnement, les petits propriétaires de moulins à scie ne peuvent guère envisager la possibilité d'investir dans l'équipement. Leur autonomie et leur croissance sont grandement limitées par leur capacité de contracter des emprunts à long terme. Bien souvent, le financement se fait grâce aux grossistes, car les banques, encore mal familiarisées avec le marché du bois, n'osent trop prêter à de petites entreprises souvent mal organisées. Ces dernières n'ont à offrir comme garantie que des équipements sans valeur aux yeux des institutions financières. Ce qui manque, ce sont les approvisionnements à long terme en matière ligneuse.

Le territoire n'est pas exploité rationnellement. Dans *Le problème forestier du Québec*, publié en 1962 par la Corporation des ingénieurs forestiers du Québec, le fait suivant est souligné : la Suède, grand pays forestier où croissent sensiblement les mêmes essences qu'au Québec, avec un climat semblable et un territoire forestier trois fois plus petit, réussit à donner une récolte trois fois plus grande en employant trois fois plus d'ouvriers forestiers.

La planification dans le domaine de la forêt s'impose donc ainsi que la planification économique. La petite industrie forestière a toujours été fort négligée dans la répartition des permis de coupe sur les terres de la Couronne et dépend trop souvent de la grosse industrie du bois à pâte. L'ingénieur forestier Marcel Piché écrit alors : « Le trust du papier, par des efforts concertés, a toujours réussi à faire accepter, par les autorités, une politique forestière qui favorise nettement des intérêts très particuliers. »

Le temps des réformes

Les innovations du nouveau gouvernement libéral dans le mode d'attribution des concessions forestières doivent bientôt modifier et améliorer cette situation.

Victorieux en novembre 1962, le Parti libéral a gagné douze nouveaux sièges avec 56,5 % du vote. Les réformes sont nombreuses et spectaculaires. Plusieurs secteurs sont transformés par l'État : ministère de l'Éducation, Régime des rentes du Québec,

Affaires culturelles, Code du travail, aménagement du territoire, Société générale de financement, Caisse de dépôt et placement, renforcement d'Hydro-Québec, projet d'une aciérie québécoise. Ces transformations apportent aux Québécois francophones les moyens de participer enfin à la croissance économique du Québec.

Une concession forestière

Dès cet automne 1962, soit le 25 septembre, Robert-L. Dumont, ingénieur forestier et consultant de la compagnie Gérard Saucier ltée, a préparé pour le ministre des Terres et Forêts, Bona Arsenault, une demande de concession dans le canton Comtois. Le territoire a été sélectionné par Gérard lui-même. En bon connaisseur, c'est après avoir parcouru la région qu'il choisit un emplacement particulièrement beau.

Plus d'un an plus tard, le 27 novembre 1963, le lieutenant-gouverneur en conseil ordonne, sur la proposition du nouveau ministre des Terres et Forêts depuis le 5 décembre 1962, Lucien Cliche, que celui-ci soit autorisé à concéder par affermage à la compagnie Gérard Saucier ltée la concession forestière Comtois, « d'une superficie approximative de cinquante (50) milles carrés, au prix de douze cents dollars (1 200 $) le mille carré, payable en cinq versements annuels égaux et consécutifs, le premier comptant lors de la signature du contrat prévu ci-après, et les autres à la date correspondante, les années subséquentes, avec intérêt de 5 %. »

L'arrêté en conseil spécifie que la concession forestière Comtois est affermée à la compagnie Gérard Saucier ltée « uniquement comme source d'approvisionnement d'une scierie déjà installée à Beattyville, ou d'une scierie que cette société s'engage, dans les huit mois qui suivent la date du contrat d'affermage, à établir dans une localité dont le choix devra être approuvé par le ministre des Terres et Forêts. »

Un contrat d'affermage

Cet octroi est suivi dès le printemps suivant, le 4 mai 1964, d'une entente entre Gérard Saucier ltée et Camille Richard inc. pour l'approvisionnement d'une scierie appartenant à ce dernier à Beattyville.

Dans le contrat, parmi les modalités proposées, il est spécifié qu'advenant mésentente entre les parties, « le ministre pourrait permettre à Gérard Saucier ltée d'établir sa propre scierie à l'endroit qui sera jugé convenable dans l'intérêt du concessionnaire et de l'économie de la région ».

Ce contrat d'affermage passe devant notaire le 13 octobre 1964 et représente un tournant dans la carrière de l'entrepreneur Gérard Saucier. Le rêve d'une scierie devient possible, un projet à long terme qu'il se plaisait à imaginer pour l'avenir.

Un troisième fils

Aussi les premières années de la décennie 1960 sont-elles marquées au coin de l'optimisme. Elles s'avèrent des plus généreuses pour Gérard Saucier. Outre la victoire libérale et l'obtention de la concession de Comtois, il est comblé, le 8 juin 1963, par la naissance d'un troisième fils qui s'appellera Jean. Pour les amis, il n'y a pas de doute : le nom a été choisi en l'honneur de Jean XXIII, de Jean Béliveau, de Jean Drapeau ou de Jean Lesage, des hommes de l'époque qui font l'admiration de Gérard Saucier.

Le chalet du lac Quévillon

Avec leurs six enfants, Yvette et Gérard forment une belle grande famille. Dès l'été 1963, profitant de la dernière autorisation accordée par la compagnie Domtar pour une construction résidentielle au bord du lac Quévillon, les Saucier s'installent dans leur chalet pour la belle saison, à moins de vingt milles de la concession de Comtois. Gérard a enfin trouvé un bon moyen d'amener les siens près de son lieu de travail, du moins pour la saison estivale.

It's a long way…

Il n'est pas facile pour Gérard de concilier le travail et la vie familiale. C'est Yvette qui s'occupe de tout. Elle insiste pour faire un voyage tous les étés, et elle y tient. Parfois certains des enfants peuvent être laissés à une gardienne parce qu'ils supportent mal les longs voyages en auto. Le plus souvent, ils se rendent chez un oncle à Welland, en Ontario. L'Exposition nationale de Toronto et les chutes Niagara servent de but au voyage.

Tout le monde prend alors place dans la voiture. Yvette prépare la nourriture pour les pique-niques sur la route. Le trajet se fait le plus souvent d'une traite en partant très tôt le matin pour arriver à destination de nuit. On a toujours l'impression de partir en expédition ; c'est le bonheur. Au volant de sa Chrysler, Gérard, qui semble tout à coup oublier son côté réservé, fredonne son air préféré : *It's a long way to Tipperary, it's a long way to go…* Il réussit, en tout cas, à endormir les enfants !

Le père de famille

Les souvenirs que les enfants Saucier gardent de leur père se résument à ceci : « Notre père n'a jamais été vraiment présent à la maison. C'était un homme secret. Il parlait peu des autres et moins encore de lui-même. Il parlait peu de son enfance. »

Céline précise : « Papa ne parlait de son enfance que lorsqu'il y avait de la visite du Nouveau-Brunswick à la maison. Il reprenait alors son accent et ses expressions d'*"en-bas"*, comme : on va aller "au portrait", au lieu d'aller au cinéma. Pour nous, les enfants, c'était une curiosité d'écouter au salon, non pas ce qu'il disait, mais comment il le disait ! »

Yvette est toujours là pour deux. Elle dirige la maison et s'occupe des enfants. « Gérard ne voyait pas souvent les enfants, raconte-t-elle. Il arrivait le samedi soir et il repartait tôt le lundi matin. Il travaillait, il apportait de l'argent. Le reste, c'était moi. » Comme son mari, elle aime elle aussi les choses bien rangées, et elle fait tout, toute seule.

En pensant à son père, Pierre poursuit : « Je l'aperçois encore, debout dans la cuisine, aux petites heures du matin, se préparant un petit café Nestlé pendant que ses rôties grillaient dans le « toaster à panneaux ». Le lundi matin, c'était le départ habituel pour monter au camp à Bartouille ou à Desmaraisville ou au lac Relique. Avant de partir, comme un pilote d'avion, il frappait d'un coup sec le baromètre pour connaître le temps qu'il allait affronter en montant au camp. Il ne revenait alors que le samedi soir suivant, avec quelques tartes et galettes du *cook*, dans une bonne boîte de carton brun, un peu comme pour se faire pardonner son absence.

« À son arrivée, il prenait un bon bain. Puis sans trop parler, il s'assoyait dans la cuisine, face au téléviseur où il écoutait Réal Caouette, le chef créditiste. Il esquissait un sourire moqueur ou bien il ajoutait quelques commentaires désobligeants sur les propos entendus. Bientôt, il cognait des clous…

« Pendant la traditionnelle partie de hockey du samedi soir, maman s'empressait de laver et de repasser ses vêtements qui, comme elle le disait toujours, « sentaient le bois ». Puis elle passait le reste de la soirée à raccommoder ses chaussettes.

« Le dimanche matin, c'était la messe à l'église d'en face. Parfois, il y avait une visite chez un oncle, après que maman eut beaucoup insisté pour sortir un peu de la maison. Souvent, il préférait rester au salon dans son *Lazy-boy*, en pensant à son affaire, avant qu'un bûcheron vienne sonner à la porte pour solliciter son aide. »

Quand Yvette en a plein les bras avec les enfants et qu'elle devient impatiente et exaspérée, elle insiste auprès de son mari pour qu'il prenne à son tour les commandes et inflige les corrections nécessaires, surtout à Pierre et à Richard, particulièrement turbulents. Mais il est aussi malhabile à punir qu'à faire des compliments. Ça tourne toujours au ridicule et les enfants finissent le plus souvent par s'en amuser !

Gérard Saucier aime tendrement ses enfants. Quand il parle d'eux, selon ses amis, il ne peut s'empêcher de manifester son admiration. Ce qui fait dire au comptable André Hénault : « Chez Gérard, il y avait une chose qui à la fois m'impressionnait et me faisait plaisir en même temps. C'est quand il parlait de ses enfants. C'était ses bijoux ! Il n'y avait rien de plus important. Je le sentais quand il en parlait. Sa physionomie changeait. Même le timbre de sa voix. Il devenait chaleureux. Ça comptait énormément pour lui ! »

L'expérience Matagami

En Abitibi, le début des années 1960 est une véritable période d'expansion et de prospérité. En 1961, la nouvelle route s'ouvre entre Amos et Matagami. Le 1er avril 1963, la municipalité de Matagami, dont la population dépasse les deux mille personnes, reçoit ses lettres patentes et devient une ville. Le territoire, immense, s'annonce tout à fait intéressant au point de vue touristique. Il est même question d'y construire une papetière qui contribuera à la croissance de la région. On commence à parler de l'exploitation de la baie James.

C'est dans ce contexte, un peu euphorique, il faut bien le reconnaître, que Gérard et un de ses amis de Val-d'Or, Lionel Roy, se lancent dans une aventure hôtelière. Ils ont l'idée de construire le premier grand hôtel de la place, un hôtel chic, un vrai quatre-étoiles. À l'origine du projet, il s'agit en fait de s'associer à une tierce personne qui a un permis de vente d'alcool, mais n'a pas d'argent pour la mise de fonds nécessaire à la réalisation du projet.

« L'expérience Matagami », comme l'appelle avec humour Lionel Roy, est sans doute une aventure un peu baroque dans la carrière de l'homme d'affaires Gérard Saucier. Une fois l'emplacement choisi pour l'hôtel, plans en mains, les ouvriers se mettent à l'ouvrage. Comme il faut surveiller le chantier de construction, Gérard ou Lionel montent à Matagami dès qu'ils ont un moment de libre, généralement en fin de semaine.

Un beau dimanche, les couples Saucier et Roy prennent la route de gravelle pour aller surveiller les travaux en cours. Quelle n'est pas leur surprise de trouver le hall de l'hôtel déjà construit, avec un plafond de huit pieds ! Lionel raconte : « On avait le plafond sur la tête ! » Pourtant, sur les plans de l'architecte, il y avait bien un plafond beaucoup plus haut, un toit cathédrale ! Cette extravagance ne plaisait pas aux ouvriers. Ils trouvaient ça laid, « carrément lette », disaient-ils. Ils ont décidé de le faire à leur goût. Les propriétaires ont dû se fâcher : « On a l'impression de rentrer par la cave ! Démanchez-nous ça et suivez les plans ! »

Le jour de l'inauguration, la construction est encore en train de finir, les marteaux et les planches voisinant avec les verres de cocktail et les petits fours. Mille péripéties accompagnent cette aventure : des histoires de « boisson », de « gars de meusique », comme dit Lionel, et de « petite caisse ».

Les seuls mois de répit ont été ceux où le jeune frère de Gérard, Jean-Louis Saucier, comptable, gère l'entreprise. Que de voyages aller-retour dans la poussière d'une route de sable et de cailloux, à plus de cent milles au nord d'Amos ! L'hôtel-motel sera vendu quelques années plus tard, au grand bonheur de ses premiers propriétaires. Un commentaire de l'associé résume bien l'entreprise : « Gérard avait pas plus besoin de ça qu'une sixième orteil ! »

Le pays de l'épinette noire

En 1965, le 6 août, Lebel-sur-Quévillon devient officiellement une ville en recevant ses lettres patentes. Sur la recommandation de ses promoteurs et de ses fondateurs, la Commission de géographie du Québec a accolé le nom de Jean-Baptiste Lebel à celui de Louis Quévillon, sculpteur canadien-français qui a donné son nom au lac.

On ne peut évoquer la naissance de cette ville sans se rappeler le milieu des années 1940, à l'époque où Jean-Baptiste Lebel vint de Clova pour s'installer dans cette immense forêt d'épinettes noires. Les compagnies papetières y avaient d'importantes concessions forestières. Que de bois abattu, coupé, et toujours transporté à l'extérieur de la région ! En 1962, poussée par l'ardente croisade de ce pionnier, la société Domtar, géant de l'industrie des pâtes et papiers, entreprenait des études en vue d'y ériger une nouvelle fabrique de pâtes et papiers.

La société Domtar en Abitibi

C'est en grande partie grâce à la détermination du ministre des Terres et Forêts, Lucien Cliche, que le rêve de Jean-Baptiste Lebel s'est enfin réalisé. Il a fallu une intervention musclée et diverses démarches pour obliger la compagnie Domtar à s'installer dans cette région, ce qui devait contribuer à son expansion économique.

Du premier ministre Jean Lesage au ministre Eric Kierans et à la Société Domtar, les requêtes du ministre Lucien

Cliche ont été nombreuses et pressantes. Celui-ci croyait fermement à l'implantation de l'usine de pâte de 850 tonnes par jour et il s'est engagé énergiquement à sa réalisation.

En 1965, l'installation de Domtar, au coût de 65 millions de dollars, devait transformer complètement l'aspect économique de la région et apporter de nouvelles dimensions à l'exploitation de la forêt ainsi qu'à l'industrie forestière. C'était un avantage considérable pour la main-d'œuvre du Nord-Ouest québécois. L'implantation d'une usine à cet endroit contribuait aussi à un mouvement de décentralisation industrielle favorable au bon équilibre de l'économie de la province. Pour la fabrication de la pâte kraft, il n'y avait rien de meilleur que l'épinette noire.

Le ministre des Terres et Forêts

Lucien Cliche, originaire de la Beauce, avait à cœur la croissance de la région dont il était le fils adoptif, comme la plupart de ses habitants. Il est venu s'y installer en 1941 après ses études au Séminaire de Québec et à l'Université Laval.

Il a toujours participé à la vie communautaire de la région. Échevin au conseil municipal de Val-d'Or de 1948 à 1951, marguillier en chef de la paroisse de Saint-Sauveur et fondateur en 1954, avec Alcide Courcy et Jean-Pierre Bonneville, du journal *Le progrès de Rouyn-Noranda*, il est nommé Conseiller en Loi de la Reine le 16 décembre 1960. Bâtonnier du barreau d'Abitibi-Témiscamingue en 1962 et en 1963, il est ministre des Affaires municipales du 20 décembre 1961 au 5 décembre 1962. Réélu aux élections de 1962, il est nommé ministre des Terres et Forêts dans le cabinet Lesage et y reste jusqu'au 16 juin 1966. Il profite de cette période pour apporter d'importantes modifications dans l'industrie forestière.

Réformes et modernisation

Les six premières années de la décennie 1960 furent marquées par le thème de la modernisation et par les nombreuses réformes du gouvernement libéral. Avec l'intervention de l'État, plusieurs secteurs

Lucien Cliche, ministre des Terres et Forêts, 1962.

commençaient à se transformer en profondeur. Sur le plan économique, le gouvernement s'est intéressé surtout à la planification et à l'aménagement du territoire.

En février 1965, le ministre Lucien Cliche créait un service des inventaires forestiers qui devait mettre en œuvre le plan directeur élaboré l'année précédente. L'ancienne conception de l'inventaire forestier était révolue. Il fallait désormais connaître de façon précise non seulement le stock ou volume de bois existant, mais aussi son potentiel, ce que chaque parcelle de terre pouvait produire en quantité et en qualité, compte tenu de son aménagement.

Le discours du budget, prononcé le 8 avril 1965 à l'Assemblée législative de Québec par le premier ministre Jean Lesage, apportait les précisions suivantes :

« En raison du caractère renouvelable de nos richesses forestières, ce nouveau service devra mettre sur pied un système d'inventaire perpétuel des forêts, de sorte qu'il sera possible de connaître en tout temps le potentiel ligneux du territoire forestier. De plus, les nouvelles normes d'inventaire qui seront établies par le Ministère seront utilisées par les techniciens des divers concessionnaires de façon à uniformiser la nature et la qualité des données scientifiques en matière d'inventaire.

« En vertu d'une modification de la Loi des terres et forêts, en 1964, nul ne peut sans un permis du ministère des Terres et Forêts, construire ou exploiter une usine utilisant le bois non ouvré comme matière première, ni modifier une telle usine ou sa machinerie de façon à accroître le volume de tel bois utilisé, au-delà du chiffre spécifié dans son permis. Le propriétaire et l'exploitant d'une telle usine doivent se conformer aux règlements relatifs au mode de disposition des déchets de sciage, à l'empilement des produits et à toutes fins se rapportant à la protection des forêts contre les incendies. »

On avait jugé nécessaire l'amendement à la loi parce que, dans la plupart des secteurs du Québec, plusieurs usines s'étaient établies sans que leurs propriétaires ne disposent de sources adéquates d'approvisionnement. On a connu une prospérité de courte durée dans les localités où se trouvaient ces usines. Cela a engendré des problèmes sociaux extrêmement difficiles à résoudre.

Nouveau mode d'attribution des concessions forestières

Pour obtenir des permis d'installation ou d'agrandissement, les industriels devaient dorénavant faire état de leurs sources d'approvisionnement. Les permis n'étaient émis qu'en faveur d'installations offrant des garanties raisonnables de stabilité.

L'approvisionnement en matière première est une question fondamentale qui a toujours été au cœur de l'industrie forestière. En transformant, entre 1962 et 1966, le mode d'attribution des concessions forestières, le ministre Lucien Cliche a grandement aidé les propriétaires de scieries. Ses différentes réformes ont débouché sur une restructuration de l'approvisionnement forestier.

En 1964, les forêts domaniales furent établies par le lieutenant-gouverneur en conseil en vertu des dispositions de l'article 108 de la Loi des terres et forêts. L'exploitation des forêts sous ce régime correspondait aux exigences du ministère, à savoir une utilisation optimum et polyvalente des terres à vocation forestière, à la fois pour la production de matière ligneuse et pour les autres usages auxquels ces terres pouvaient être affectées.

Au sens de cette loi, les forêts domaniales sont des réserves forestières de l'État et sont administrées suivant des règles particulières à ce genre de forêts, différentes de celles qui régissent les concessions. Leur exploitation est faite soit en régie, par le ministère, soit par l'entreprise privée.

Dans le cas d'exploitation par l'entreprise privée, le ministère pouvait contracter avec des industriels des ententes selon différentes modalités. Le ministre pouvait alors être autorisé à conclure une convention avec le propriétaire d'une industrie.

La mort de Jean-Baptiste Lebel

Le 6 avril 1966, Jean-Baptiste Lebel mourait à l'âge de soixante-dix-sept ans à l'hôpital Saint-Sauveur de Val-d'Or, dans le plus grand dépouillement. Il était allé jusqu'au bout de la mission qu'il s'était donnée. C'est comme un authentique missionnaire qu'il s'était dépensé sans compter pour créer des projets et des emplois, pour développer les nombreuses potentialités du Nord-Ouest québécois. Militant libéral ardent, une fois le Parti libéral au pouvoir, il avait refusé d'accepter toute faveur, pour lui ou ses enfants, au nom de sa conception de la liberté.

Luc Lebel disait de son père qu'il aimait appuyer un candidat pour la cause politique mais que, à son goût, le domaine politique était beaucoup trop lent. Il a refusé tous les avantages personnels qu'il aurait pu en tirer même si, à la fin de sa vie, son commerce allait de moins en moins bien et qu'il aurait eu besoin d'aide... C'était un forestier plus grand que nature, une figure mythique à l'image du Grand Bouclier canadien...

Un service religieux émouvant fut célébré à Senneterre. Un grand nombre de ceux qu'il avait aidés, et l'on en comptait beaucoup, étaient au dernier rendez-vous. Le cercueil fut porté par quelques-uns de ses amis les plus fidèles, des hommes qui, avec lui, avaient appris à aimer l'Abitibi, à y croire et, par-dessus tout, à contribuer à son rayonnement. À bâtir. Parmi eux : Gérard Saucier.

CHAPITRE

9

Barrette & Saucier enr., l'ascension, 1966-1969

La concession de Comtois

En 1966, Gérard Saucier, propriétaire de la belle concession de Comtois depuis 1963, exerce toujours son métier d'entrepreneur. Il poursuit des opérations forestières dans le secteur du lac Relique. Il signe un contrat de 45 000 cunits (1 cunit = 100 pieds cubes) à 21,08 $ l'unité pour la compagnie Kruger Pulp & Paper Limited.

Les contrats ne manquent pas. Ses succès et sa réputation de plus en plus grande l'encouragent à aller plus loin. Il rêve d'avoir son moulin à scie… Dans le milieu des forestiers, c'est bien connu, « les jobbers rêvent tous de devenir scieur un jour » !

L'entrepreneur prospère rêve depuis longtemps déjà de faire le saut du côté des propriétaires de moulins à scie, de passer à la phase de la transformation. Mais en homme réfléchi et circonspect, il agit toujours lentement, en considérant le pour et le contre. D'autant qu'à cette époque, les moulins à scie, très nombreux, sont très souvent en difficulté, ce qui incite encore plus à la prudence. En 1963, les scieries en activité ne cessent de diminuer ; elles sont au nombre de 1 074 contre 1 127 l'année précédente.

La petite histoire d'une rencontre

Le contrat de la concession de Comtois, en 1963, stipule que Gérard Saucier doit alimenter la scierie de Camille Richard à Beattyville, une localité située sur les bords de la rivière Bell, dans le sud-est du canton de Laas, non loin de Lebel-sur-Quévillon.

Or Vianney Barrette, client de la scierie de Camille Richard, y apprend que Gérard Saucier est propriétaire d'une magnifique concession dans les environs. Homme d'affaires, camionneur originaire de l'Abitibi, Vianney Barrette possède depuis le début des années 1960 une cour à bois à Fabreville, près de Laval, dans l'agglomération de Montréal. Cette usine de rabotage fonctionne sous le nom de Barvi ltée. Dans les nombreux petits moulins à scie qui jalonnent la route 135, il achète pour une bouchée de pain du bois de moindre qualité, sans grande valeur marchande, des fonds de piles dont les moulins sont bien contents de se débarrasser.

Pour rentabiliser son affaire au maximum, Vianney Barrette monte du ciment à Val-d'Or dans ses camions, puis il redescend le bois acheté pour presque rien à son usine de Fabreville où il peut facilement l'écouler, après l'avoir refendu au besoin et raboté. Son commerce est en pleine prospérité. Mais il se rend bien compte que tôt ou tard l'approvisionnement pourrait manquer.

Maurice Leblond, son bras droit d'alors, raconte : « Plus sa clientèle grossissait, plus Vianney avait de la misère à se trouver de l'approvisionnement. Il passait ses semaines partout en Abitibi pour acheter du bois des moulins. »

Il finit par acheter un hélicoptère pour ratisser le terrain plus efficacement et pour détecter les fonds de cour. Indépendant, Vianney Barrette ne veut pas dépendre indéfiniment des producteurs de bois abitibiens pour alimenter son usine. C'est à ce moment-là que l'idée lui vient de se construire un moulin à scie, comme le confirme à nouveau Maurice Leblond : « Vianney voulait se construire un moulin à scie parce qu'il avait de la misère à avoir de l'approvisionnement pour son commerce à Fabreville. » Il fallait bien trouver un emplacement pour la construction du moulin, mais avant tout, il fallait s'occuper de l'approvisionnement en matière ligneuse.

Un jour, Vianney Barrette quitte Lebel-sur-Quévillon à bord de son hélicoptère en direction d'Amos, en longeant la rivière Bell. Il découvre alors la concession de Gérard Saucier : il ne lui faut pas beaucoup de temps pour comprendre qu'elle vaut son pesant d'or.

Il se met à rêver. Sans doute y compte-t-il déjà les milliers de billots qui pourraient être transformés en beaux 2 par 4 ! Le lieu est idéal et les avantages nombreux : au bord d'une rivière, relié à la transcanadienne par un chemin déjà construit, à moins de dix milles de l'usine de Domtar à Lebel-sur-Quévillon. C'est la concession forestière par excellence.

Il ne peut imaginer de meilleur emplacement pour son moulin à scie. Il s'empresse donc de prendre rendez-vous avec le ministre des Terres et Forêts, Lucien Cliche, à Val-d'Or, qui se chargera de sa rencontre avec Gérard Saucier.

Des bâtisseurs

À l'automne 1965, Gérard Saucier et Vianney Barrette sont âgés respectivement de quarante-neuf et de trente-sept ans. Gérard a toujours vécu dans l'industrie forestière, plus particulièrement dans le domaine de la coupe de bois pour l'alimentation des papetières. Vianney est devenu un expert dans le transport et la commercialisation du bois. Maurice Leblond, qui a bien connu les deux hommes, les décrit de la manière suivante : « Gérard, c'était un opérateur forestier, lui, un vrai ! Alors que Vianney, c'était un as dans la vente du bois. »

Chose certaine, les deux hommes sont motivés par la volonté de réussir, et surtout de bâtir. L'un et l'autre rêvent de devenir un jour propriétaires de leur propre moulin à scie. Mais Gérard, toujours réservé, se fait plutôt discret. Il n'en parle guère même s'il y pense depuis toujours. Yvette, qui s'occupe des six enfants, a le sens des réalités: elle l'invite à la prudence. Car un moulin à scie, c'est à cette époque un risque considérable: celui de tout perdre. Et elle veille au grain.

Mais Gérard use de son talent de négociateur. Il ne fait pas connaître très exactement ses intentions lors de sa première rencontre avec Vianney Barrette. Il préfère sans doute se donner du temps pour réfléchir et ne pas mettre trop vite cartes sur table.

Un premier projet de convention

Gérard Saucier fait rédiger un premier projet de convention qu'il présente à Vianney Barrette. D'après Maurice Leblond: « Au début, Vianney voulait acheter la coupe de bois de Gérard. »

La lecture de ce premier projet confirme cet objectif. Il est formulé de la façon suivante: « Gérard Saucier a l'intention d'accorder à Vianney Barrette une option pour lui permettre d'acquérir toutes les actions tant ordinaires que privilégiées que Gérard Saucier détient du capital-actions de la compagnie Gérard Saucier ltée (détentrice de la concession de Comtois) et ce, pour une période de dix ans à partir de la date de mise en marche d'un moulin à scie que Vianney Barrette érigera dans les limites du canton de Comtois. »

Les deux hommes ne réussissent pas à s'entendre sur le prix à fixer pour cette option d'achat. Cependant, ces premières rencontres leur permettent de s'évaluer mutuellement; ils font les premiers pas. Ce devait être l'amorce d'un processus de négociation.

Un deuxième projet de convention

Dans une nouvelle proposition, la compagnie Gérard Saucier ltée s'engage à accorder un droit d'approvisionnement à Vianney Barrette inc. dans la concession forestière qu'elle détient.

Cette option présente quelques problèmes dans la mesure où le contrat de la concession octroyée à Gérard Saucier ltée stipule qu'elle doit servir « uniquement comme source d'approvisionnement d'une scierie déjà installée à Beattyville ».

Robert L'Abbé, comptable de Vianney Barrette à l'époque, rapporte les paroles de Gérard : « Il a dit à Vianney qu'il voudrait bien alimenter son moulin à scie, mais qu'il était déjà pris ailleurs, parce qu'il avait promis à Camille Richard d'alimenter son moulin et que le gouvernement lui avait donné un permis de coupe justement pour alimenter son moulin. »

Gérard Saucier était bien lié par contrat à Camille Richard inc. Toutefois, il savait qu'il avait la possibilité de s'en dégager, puisqu'une clause du contrat stipulait qu'advenant mésentente entre les parties, Gérard Saucier ltée aurait la permission du ministre d'établir sa propre scierie à l'endroit jugé convenable dans l'intérêt du concessionnaire et de l'économie de la région. La deuxième proposition ne devait pas encore aboutir à une entente, mais sans doute a-t-elle servi à faire avancer le dossier.

Des négociations qui mènent à un accord

Toutes les discussions entre les deux hommes et les démarches en vue d'un accord possible leur servent en fait à se connaître, à se reconnaître et à identifier leurs forces et faiblesses respectives. Vianney se rend bien compte qu'il a besoin de Gérard. Ce qui est également vrai pour Gérard qui apprend, au fil des jours et des négociations, à bien voir les qualités et les forces de Vianney : une grande compétence dans la commercialisation et le transport du produit, mais aussi l'ambition de faire mieux que quiconque dans son domaine, bref, le goût de bâtir. C'est précisément la vision qu'il a lui-même du domaine des affaires. Et chez les deux hommes naît l'idée de s'associer.

Maurice Leblond le précise : « Au début, Vianney voulait acheter la coupe de bois de Gérard. Mais après, Vianney aimait mieux avoir ton père en partnership. Il ne voulait plus seulement acheter son bois à tant de dollars le mille pieds mesure de planche (m.p.m.p.) : il a cédé à Gérard. Moi-même, ça m'avait surpris, pensant qu'il aurait eu avantage à ne payer Gérard que tant de dollars le mille p.m.p. pour son bois. Mais Vianney voyait bien plus loin que ça... »

Robert L'Abbé ajoute : « Quand Vianney s'est associé à Gérard, ça venait apporter une force nouvelle à l'ensemble de l'entreprise parce qu'à ce moment-là, Gérard était reconnu comme étant un bon contracteur forestier, près de ses hommes ! »

Un bout de papier à lettre du motel L'Escale

Déjà très solide sur le plan financier, Vianney a la possibilité de fournir à lui seul l'argent nécessaire à la construction du moulin. Gérard, lui, reste prudent. Aussi hésitait-il depuis longtemps à se lancer et à tout risquer pour avoir son propre moulin. La situation lui paraît cependant plus favorable que jamais. Il comprend qu'il vient de rencontrer le partenaire idéal.

Moins fortuné que Vianney, Gérard se doit de bien négocier son association avec lui. Il lui faut mettre en évidence la très grande valeur de sa concession. C'est une marchandise négociable, c'est même de l'argent qui « travaille », selon l'expression des commerçants. Comme le raconte Maurice Leblond : « C'est vrai que Barrette a bâti le moulin. C'est lui qui avait la finance pour le bâtir. Mais le moulin bâti, ça donne pas la coupe de bois ! »

La matière première, le bois, Gérard la possède. Il est conscient du fait que la concession de Comtois, il l'a obtenue grâce à son expérience, à ses qualités professionnelles, à sa réputation, et non par simple opportunisme politique. Il est reconnu comme un excellent entrepreneur forestier, sinon le meilleur de sa région, et il est respecté au plus haut point par ses « bûcheux ». Fort de son pouvoir, il est bien décidé à s'en servir pour mener la négociation de son association avec Vianney.

Le jour où Gérard et Vianney se rencontrent au motel *L'Escale* de Val-d'Or, il est certainement devenu clair dans l'esprit de chacun qu'ils veulent faire équipe. Il ne leur reste plus qu'à s'entendre, à négocier les modalités de leur convention, et à établir une valeur marchande à cet approvisionnement forestier.

Pendant que les comptables et les avocats travaillent à la formulation d'une entente écrite qui puisse arriver à concilier les attentes de chacun, au même moment, parallèlement, les deux « bâtisseurs » continuent à discuter et cherchent des solutions. Ils réussissent à rédiger ensemble, sur un simple bout de papier du motel *L'Escale*, l'essentiel de l'entente qui leur convient. Ils le remettent aux intéressés avec le message suivant : « C'est ça qu'on veut, dans le fond. Quant à la loi, arrangez-vous pour que ça corresponde à ce qu'on veut. » Les problèmes de nature légale allaient pouvoir trouver leur solution.

On croit que le « petit bout de papier » sur lequel ils auraient réussi à préciser les grandes lignes de leur entente verbale contenait les données suivantes :

1) Vianney Barrette effectuera provisoirement les opérations forestières par l'entremise de Vianney Barrette inc., dont le capital-actions est détenu en parts égales entre Gérard et Vianney, sur la concession forestière de Comtois (propriété de Gérard Saucier ltée) pour alimenter le moulin à scie devant être construit.

2) Vianney Barrette construira le moulin à scie et financera le projet par le biais de son entreprise, Barvi ltée. Il est par ailleurs convenu que le remboursement de la dette se fera à même les bénéfices générés par Barrette & Saucier enr.

3) Gérard Saucier s'occupera des opérations forestières pour alimenter le moulin dès qu'il aura terminé ses engagements auprès de la papetière Kruger au lac Relique, ou avant.

4) La contribution financière de Gérard Saucier dans Barrette & Saucier enr. se limitera à l'apport de l'approvisionnement en matière ligneuse provenant de sa concession forestière et à une garantie personnelle pour l'emprunt contracté par Barvi ltée.

5) Les profits de Barrette & Saucier enr. seront partagés en parts égales entre les deux partenaires.

6) La vente des produits sera effectuée par Barvi ltée.

7) Une convention entre partenaires sera signée dans des délais raisonnables.

La lettre du ministre des Terres et Forêts

Comme il y a des élections dans l'air, un scrutin que les libéraux craignent de perdre, il ne faut pas attendre. Dans une lettre du 30 mai 1966 adressée à Gérard Saucier, le ministre Lucien Cliche lui accorde l'autorisation de construire une usine de sciage d'une capacité de 12 millions de p.m.p.

L'Union nationale au pouvoir

Le 5 juin 1966, l'Union nationale, malgré une part des suffrages inférieure à celle des libéraux, réussit à former un gouvernement majoritaire avec Daniel Johnson, dont le parti s'est radicalement transformé. Les libéraux perdent le pouvoir de justesse. Le duplessisme est révolu, le mouvement de renouveau est lancé, les nouveaux unionistes ne peuvent que poursuivre les objectifs de la Révolution tranquille.

Encore une fois, on peut constater que Gérard Saucier a l'art de savoir faire les choses au bon moment. Sept jours plus tôt, il obtenait l'autorisation du ministre Lucien Cliche, député libéral, de construire l'usine de sciage…

La construction et le financement du moulin

André Hénault se souvient. « Moi je venais juste de rentrer chez Roynat Ltd. Et Roynat venait juste d'absorber une perte importante au Lac-Saint-Jean dans un dossier semblable. Ils n'étaient pas intéressés à retomber dans un financement comme ça. Ils se sont dit : "On va donner ce dossier-là à un jeune." Le projet était tellement intéressant que je les ai convaincus de faire un financement là-dedans. Et ils ont financé ! »

MINISTÈRE DES TERRES ET FORÊTS
PROVINCE DE QUÉBEC
CABINET DU MINISTRE

VAL D'OR, le 30 mai 1966.

Monsieur Gérard Saucier,
884, 5ième rue,
Val d'Or,
Qué.

RE: Saucier et Barrette -

Cher monsieur,

J'ai pris connaissance de votre demande d'ériger une usine de bois de sciage d'une capacité de 12,000,000 de p.m.p. en billots.

Vous êtes autorisé, par les présentes à construire cette usine qui sera approvisionnée par:

1o. La concession forestière "Comtois" selon la possibilité établie de ladite concession;

2o. Réserve de 40 milles carrés dans le canton Timmins;

3o. Réserve de 10 milles carrés dans le canton Comtois.

Cette autorisation vous est donnée en vertu de l'article 86 de la Loi des Terres et Forêts.

Bien à vous,

LUCIEN CLICHE,
Ministre.

nh.

La lettre du ministre des Terres et Forêts à Gérard Saucier.

D'après sa charte, Roynat Ltd ne pouvait prêter à une société telle que Barrette & Saucier enr. La compagnie ne pouvait prêter qu'à une corporation. L'entreprise Barvi ltée de Fabreville, propriété de Vianney Barrette, se porte alors garant.

Le comptable Robert L'Abbé rappelle les faits de la façon qui suit : « On avait la dette dans Barvi ltée, avec l'autorisation de Roynat Ltd d'aller prêter à Barrette & Saucier enr. Tous les actifs apparaissaient donc dans le bilan de Barvi ltée pour contrebalancer pour la dette. Barrette & Saucier enr. faisait des versements à Barvi ltée jusqu'à concurrence du plein paiement de l'actif. C'est comme ça que le financement s'est fait ! »

Ainsi, le 20 octobre 1966, Barvi ltée est autorisée à émettre des obligations acquises par Roynat Ltd pour la somme de 350 000 $ à 9,5 %. C'est dire que le financement est complété après la mise en marche du moulin, déjà en marche depuis le mois de septembre.

La contribution financière de Gérard Saucier dans la mise sur pied de l'usine de sciage se limite à une garantie personnelle pour cet emprunt contracté par Barvi. « Gérard n'a pas eu besoin de donner une garantie autre que celle qui est intervenue entre Vianney et lui-même », de préciser Robert L'Abbé.

Dans un entretien avec Pierre Saucier, Maurice Leblond poursuit : « Ton père avait l'avoir. Surtout, dans le temps, l'avoir potentiel d'alimentation. Politiquement, ton père était placé ! Pis l'autre, c'était pas un gars politique. C'était deux choux qui se complétaient ! »

Barrette & Saucier enr., le 1er septembre 1966

La construction du moulin à scie est terminée et la production a déjà démarré lorsque, le 1er septembre 1966, Gérard et Vianney conviennent de former une société dans les conditions et avec la raison sociale qui suivent : « Barrette & Saucier enr., dont le but est d'opérer un moulin à scie aux abords de la rivière Bell, à Lebel-sur-Quévillon, alimenté par des limites à bois situées dans le canton

La construction du moulin à scie à Comtois, au printemps 1966.

« Au début, il y avait juste cinq campes. »

Comtois, lesquelles limites sont présentement exploitées par la compagnie Vianney Barrette inc. »

Il faut donc que les deux hommes aient l'un envers l'autre une confiance exceptionnelle. « D'abord, c'était deux gars de parole », comme le disait souvent Maurice Leblond.

De plus, il est stipulé dans leur convention « que les profits de la société seront divisés en parts égales et qu'advenant le décès de l'un des deux associés pendant la durée de ladite entente, l'associé survivant devra acquérir la part de l'associé décédé à la valeur aux livres, ne tenant compte d'aucun achalandage ».

Il est aussi mentionné que « le ou vers le 1er septembre 1969, soit trois ans plus tard, il y aura dissolution et liquidation de la société. Celle-ci transportera tous ses biens, droits, privilèges, dettes et obligations à une nouvelle corporation qui sera alors constituée à la requête de chacun des associés ».

Tel est l'essentiel de la convention que les deux hommes conviennent de signer le 1er septembre 1966 et qui rend officielle la société Barrette & Saucier enr.

Un plan triennal

Dès la mise en route du projet de construction du moulin, les experts comptables et les avocats proposent à Gérard et Vianney un plan triennal de développement qui doit leur permettre de gérer au mieux leur entreprise. Cette année-là, en guise d'encouragement à l'expansion et à la création d'emplois, les gouvernements provincial et fédéral exemptent d'impôts, pour une période de trois ans tout revenu produit par une société enregistrée. (Soit au provincial, l'article 12 de la loi de l'impôt sur le revenu et au fédéral, l'article 71 A de la loi d'impôt, du règlement no A 0.C.152, sur les opérations forestières.)

André Hénault, alors comptable de la compagnie Barrette & Saucier, le rappelle : « Il fallait absolument démarrer à ce moment-là pour bénéficier des avantages fiscaux que la loi prévoyait pour les trois premières années d'opération du moulin. »

C'est donc pour des raisons purement fiscales que la société Barrette & Saucier est « enregistrée ». Par la suite, la loi de l'impôt a été amendée de façon rétroactive, permettant de distribuer aux actionnaires les bénéfices générés à l'intérieur d'une corporation avec exemption d'impôts.

D'après Guylaine Saucier : « Papa a toujours dit que la meilleure subvention qu'il ait jamais eue, ça avait été de ne pas payer d'impôts pendant les trois premières années. »

Une entente verbale

La vocation spéciale du moulin à scie appartenant à Barrette & Saucier enr., c'est l'équarrissage du bois pour alimenter l'usine de Barvi ltée. Comme la force reconnue de Vianney Barrette est la vente, les deux partenaires conviennent que toute la production de bois d'œuvre résineux fabriqué par Barrette & Saucier enr. à Comtois allait être transportée à Fabreville, à l'état brut, non rabotée, pour y être remanufacturée et vendue sur le marché par Barvi ltée.

C'est une entente verbale entre « deux hommes de parole » qui se respectent et qui forment à leur façon une espèce de couple.

Ceci explique le fait qu'il n'y ait jamais eu de document écrit relativement à cet accord d'approvisionnement entre Barrette & Saucier enr. et Barvi ltée. Pourtant, le montant des transactions entre les deux corporations a dépassé au cours de la période 1966-1973 les 31 millions, ce qui en dollars constants de 1995 représente une somme excédant les 123 millions de dollars.

Les opérations des trois premières années

Au tout début, le moulin n'était alimenté directement que par six *skiddeuses*. Un employé de la première heure, Gilbert Roy, arrivé avant la construction des ponts sur la rivière Bell, se souvient des débardeurs munis d'un treuil de tirage qui servait à assembler les arbres épars, à les transporter en les soulevant légèrement à une extrémité, puis à les traîner au sol. Le transport par camion de la forêt au moulin n'était pas encore nécessaire.

Pendant les premiers mois, le bois était bûché pendant la matinée, mesuré tout de suite après l'abattage, et la *skiddeuse* allait le chercher. Le lendemain matin, il était équarri au moulin pour être expédié la même journée. Jean-Paul Saucier se souvient que, bien souvent, le bois était vendu avant même que les bûcherons ne soient payés, tellement tout se faisait vite !

Gonzague Vaillancourt raconte qu'en 1966, les hommes travaillaient cinq jours par semaine. Il ajoute : « Au début, il y avait juste cinq campes. Une cuisine, un *office*, trois campes pour coucher, dont un pour le limeur, le scieur et le *millwright*, responsable de l'entretien du moulin. »

Au cours de l'été 1967, le bois était transporté par flottage sur la rivière Bell. Mais comme la rivière coule vers le Nord, elle ne pouvait transporter que le bois pris en amont. Cette drave traditionnelle n'a duré qu'un été.

Les résultats financiers

Il est intéressant de constater les résultats de l'expansion prise par la compagnie au cours des trois premières années. De 1966 à 1969, les ventes enregistrent une croissance annuelle composée (c.a.c.) de 60 %, passant de 741 595 $ à 2,9 millions de dollars alors que l'actif total (incluant les immobilisations détenues dans les livres de Barvi ltée pour le compte de Barrette & Saucier enr.) passe de 768 000 $ à 2,5 millions de dollars (c.a.c. de 49 %). L'endettement à long terme (incluant la dette à long terme sur ces mêmes immobilisations) quant à lui passe de 315 000 $ à 429 000 $ dollars (c.a.c. de 11 %).

Pendant cette même période, la masse salariale versée aux employés totalise 1,1 million de dollars, le nombre d'employés passant de 53 à 107. En ce qui a trait à la production de bois d'œuvre, elle passe de 12 millions de p.m.p. en 1967 à 40 millions en 1969 (c.a.c. de 49 %). La production de copeaux totalise 86 000 tonnes anhydres, représentant 7 % des revenus de l'entreprise.

Les résultats du tout premier mois de fonctionnement permettent de dégager un bénéfice net de 5 552 $. Celui de

Barrette et Saucier enr.
Résultats financiers (1966-1969)

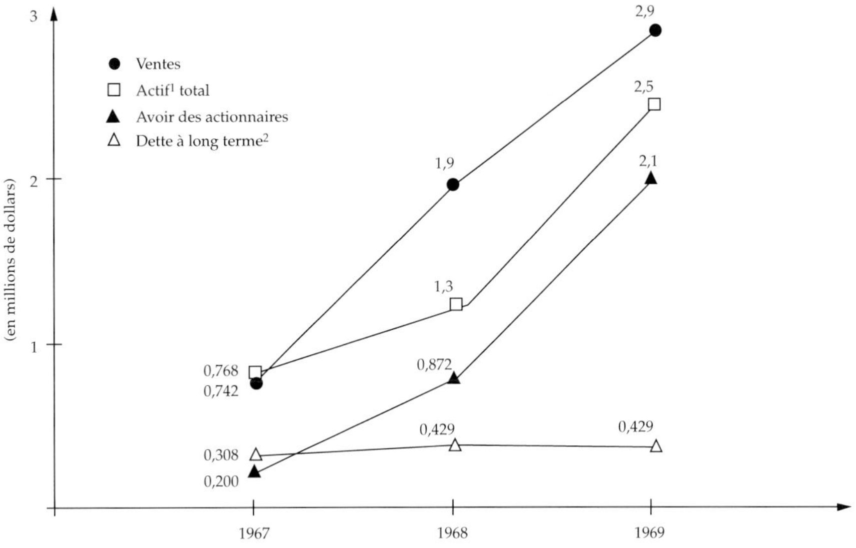

1. incluant les immobilisations détenues dans les livres de Barvi ltée pour le compte de Barrette et Saucier enr.
2. incluant la dette à long terme sur les immobilisations détenues dans les livres de Barvi ltée pour le compte de Barrette et Saucier enr.

Source : États financiers vérifiés – Davignon, L'Abbé, Verner, Viger & Cie, C.A.

l'année en cours, qui se termine le 31 août 1967, est de 202 421 $. Il s'agit d'un bénéfice net, puisqu'il y a exemption d'impôts. C'est le grand départ.

André Hénault raconte qu'au cours des trois premières années de fonctionnement, les deux associés ont choisi de ne pas apporter de changements majeurs au moulin : « Ils voulaient pas le faire. Ils faisaient de l'argent à tous les mois et même dès le premier mois d'opération. Et ce, sans payer d'impôts ! »

Pour Robert L'Abbé, la clé de leur succès initial n'a pas été la seule exemption fiscale. « Ils ont pu profiter de ce congé fiscal parce qu'ils ont su comment générer des bénéfices ! Et ça, ça commence à la production. En plus, ils avaient une qualité de bois exceptionnelle. Du bois jamais exploité auparavant qui arrivait à maturité. »

Le coût de production en usine était très compétitif, mais la réussite et la rentabilité exceptionnelle de Barrette & Saucier enr. s'expliquent d'abord par le faible coût de la matière première. Si ce dernier avait été au départ trop élevé, il aurait été difficile de rentabiliser l'opération du sciage.

Dès le début, l'entreprise connaît un énorme succès. Les frais d'exploitation de la forêt sont bien contrôlés et très compétitifs ; ils supportent la concurrence du marché. Les maîtres d'œuvre sont dynamiques et les procédés de fabrication avant-gardistes. La mise en marché est des plus efficaces, grâce, surtout, à l'élimination d'un intermédiaire, en l'occurrence le grossiste ontarien qui finance plusieurs petits moulins à scie de l'Abitibi. Il devient alors possible d'échapper à cette mainmise sur la structure des prix de vente.

Une période très dynamique

La décennie 1960-1970 sera une période fort dynamique de l'histoire du Québec. On y voit la réalisation de nombreux grands projets : ouverture des CEGEP (collège d'enseignement général et professionnel), mise sur pied de SIDBEC (sidérurgie du Québec) et création de REXFOR pour l'exploitation forestière.

Le rayonnement international du Québec s'accroît grâce à l'Exposition universelle de 1967, qui ouvre ses portes le 27 avril 1967. C'est, dit-on, un été magique : « Terre des hommes » va accueillir 51 millions de visiteurs et de grands personnages du monde entier, tels la reine Elizabeth II d'Angleterre et le général de Gaulle.

Comme le dit la chanson que tout le monde fredonne, « c'est l'année de l'amour, c'est l'année de l'Expo ». Tout semble alors possible. L'air du temps paraît favorable à la réalisation de grands projets.

Un premier avion

En 1966, Gérard Saucier achète son premier hydravion, un Cessna 180 S dont l'identification se résume aux lettres CF-RJO : *Charlie Foxtrot Roméo Juliet Oscar.*

Il travaille au lac Relique, un endroit isolé. Il y a été fortement encouragé par l'ingénieur Vianney Allard, alors au service de la Kruger, qui voyait là une bonne façon d'attirer et surtout de garder un entrepreneur de la trempe de Gérard.

Apprendre à piloter

Pour piloter l'hydravion, il a retenu tour à tour les services de Claude Boudreau, Claude Fortin et Jean-Marie Brandin. Son frère Jean-Paul se souvient que Gérard, autonome, farouchement indépendant et audacieux, supportait mal d'avoir à dépendre du bon vouloir des pilotes. Pour une raison ou une autre, ceux-ci pouvaient ne pas être disponibles au moment où lui décidait de voler. En plus des aléas de la vie quotidienne, il y avait les incertitudes de la météo, pesées et soupesées parfois trop, à son goût.

Ainsi Gérard commence-t-il bientôt à parler de son intention de piloter lui-même. Et quand il a une idée en tête, il n'est pas facile de l'en faire changer... En 1968, la décision de suivre des cours de pilotage est prise: «Si je peux apprendre à piloter ça, je vais sortir du bois quand je vais vouloir!» Et ce n'est pas le fait d'avoir la cinquantaine qui allait l'empêcher de réaliser un vieux rêve, celui de piloter un avion.

Du lac Relique à Comtois

En 1966 et 1967, le moulin de Comtois est en activité. Gérard achève son contrat comme entrepreneur pour la compagnie Kruger. Il doit faire de fréquents allers et retours entre le moulin et le chantier du lac Relique.

C'est là que, pendant l'été, Guylaine Saucier, âgée de vingt ans, fait ses premières expériences de comptabilité. Elle raconte aujourd'hui que son travail ressemblait à celui d'une employée de banque. Les hommes étaient payés à forfait. Au magasin général, à la *van*, elle devait déduire des salaires des employés tous les petits achats quotidiens. À la fin de la *run*, ils recevaient leur paye, moins les déductions inscrites quotidiennement, ce qui pouvait inclure beaucoup de cigarettes, de «palettes» de chocolat, de paiements d'automobile ou encore de chèques envoyés par le service de comptabilité à la mère de famille restée à la maison.

La mort tragique d'Edgard

À la toute fin de ce contrat du lac Relique, au printemps de 1968, un terrible accident de travail vient assombrir la vie de Gérard et plonge les Saucier dans le deuil. Le 4 avril, Edgard Saucier, frère de Gérard, achève sa journée de travail en forêt. Un nouvel engin forestier, une tronçonneuse mobile appelée *slasher*, le frappe de plein fouet à la tête. Fracture du crâne : il meurt sur le coup, le lendemain même de ses cinquante ans.

Un oncle chaleureux

L'homme avait beaucoup de charme. Les jeunes Saucier parlent de leur oncle en termes chaleureux, en particulier Céline qui conserve un bon souvenir des visites du dimanche après-midi chez son parrain. Elle se souvient de lui comme d'un beau grand blond châtain, de haute et forte stature, bon vivant, rieur et poète. Le seul oncle musicien. Il jouait de l'accordéon. Sans doute tenait-il cette tradition du Madawaska, où sa grand-mère Édith agrémentait les soirées de son violon.

Il aimait, lui, parler d'autres choses que du bois, ce qui le rendait fort sympathique. Pour Céline, il se différenciait d'avec son père : « Papa voulait seulement parler du bois et de politique. Quand on allait ailleurs, en visite chez ses frères, par exemple, il ne parlait que de bois. Sinon, les conversations l'ennuyaient. »

Le bûcheron-agriculteur

Edgard Saucier était l'un des derniers représentants d'une tradition, celle du système agroforestier qui avait fait la prospérité de l'Abitibi. Comme lui, toute une génération d'hommes avait adopté le mode d'exploitation propre à la région, celui où la ferme et le bois assuraient conjointement la stabilité économique. Mais dans les années 1960, le bûcheron-agriculteur s'est retrouvé confronté au choix de la forêt ou de la terre : il lui fallait être ouvrier forestier à temps plein. Edgard Saucier avait choisi. Il était sur le point de quitter la forêt pour Dubuisson, pour Gaby et leurs neuf enfants. Il avait décidé de se consacrer à sa terre, celle-là même où il s'était installé en venant du Madawaska en 1938.

Edgard Saucier aura été victime de la mécanisation de l'exploitation forestière. François Chénard, contremaître, n'a jamais aimé ces nouveaux engins : « J'ai jamais voulu travailler là-dessus. J'haïssais ça, Seigneur ! Ça a pas *runné* longtemps. Après l'accident d'Edgard, Gérard a remonté en haut, pis le *slasher,* il l'a *switché* dans cour, pis y a pas retouché à ça. »

Gérard Saucier, pilote d'avion

C'est le 17 mai 1968, à cinquante et un ans, que l'élève-pilote Gérard Saucier fait son premier vol d'entraînement avec son instructeur, Jean-Marie Brandin, sur le Cessna 180 S, CF-RJO. Le 11 octobre suivant, il a complété son entraînement : 65,3 heures de vol, dont 29,3 heures en solo. Le 23 du même mois, il obtient sa licence de pilote privé n^o ULP 8768. Il réalise enfin son rêve. Il en éprouve un sentiment de fierté et d'indépendance.

Un premier accident

Le 27 janvier 1969, il reçoit son annotation pour vol sur skis. À l'automne, le 23 octobre, il a à son actif 244,2 heures sur CF-RJO. Il connaît alors un premier petit accident : le bout de l'aile gauche de l'appareil effleure l'eau au moment de l'amerrissage. L'avion en sort avec des dommages matériels mineurs, et Gérard, avec une peur bleue...

Une passion partagée

En lisant une note écrite quand il avait quinze ans, Pierre a retrouvé des traces de cette passion de l'aviation que son père et lui avaient en commun. Le 19 juin 1969, il écrit : « Cet été mon père est supposé me montrer à piloter son avion. Je pourrai le suivre, aller le reconduire là où il le voudra, et travailler avec lui. »

Deux mois plus tard, après avoir complété quatre heures de vol à bord de petits appareils sur roues, accompagné du pilote Jean-Marie Brandin, Pierre accomplit ses deux heures de vol sur CF-RJO, l'hydravion de son père. En août, il totalise près de sept heures de vol ! À quinze ans, c'est un bon début.

(III) No. ULP-8768
(I) CANADA
DEPARTMENT OF TRANSPORT
(II) PRIVATE PILOT LICENCE
(IV) Name SAUCIER, Marc Emile Gerard
(VI) Nationality: Canadian
This licence valid only to date mentioned on accompanying
Department
Transport form 26-0055 (2496)
(VII) Holder's
(XII)
DAY FLYING ONLY unless endorsed for night flying.
Issued Oct.23 1968 By
(XIII) Endorsed for NIGHT FLYING
Date:
Issuing Officer
(X) Minister of Transport
26-0052 (2493)

Gérard Saucier, aux commandes.

CHAPITRE

10

Barrette & Saucier limitée, la réussite, 1969-1973

Le 12 août 1969, comme cela avait été prévu dès sa création en 1966, la compagnie est légalement constituée (charte provinciale) et la raison sociale devient Barrette & Saucier limitée. Gérard a réalisé son rêve, celui de devenir scieur, et l'usine ne cesse de grandir. Pour Wilfrid Marquis, « Gérard, c'était un gars qui aimait monter tout le temps, mais il montait marche par marche, pas trois ou quatre marches à la fois. Les marches qu'il montait, elles étaient montées. C'était solide. Ça, c'était Gérard ! »

Un leadership au pluriel

Telles devaient être les bases sur lesquelles s'est construite l'usine de sciage de Comtois. D'abord la rencontre de deux partenaires qui, au dire de ceux et celles qui les ont connus, étaient diamétralement opposés. Leurs compétences étaient différentes, la forêt et les opérations forestières pour l'un, le commerce et le transport pour l'autre. Leur caractère aussi s'opposait sur plusieurs points. Si l'un était calme et réfléchi dans ses paroles comme dans sa démarche, l'autre avait un tempérament prompt et impulsif et se déplaçait toujours avec rapidité.

Ils ont su « se reconnaître mutuellement », selon l'expression de Pierre Laurin. Deux leaders peuvent d'autant mieux faire équipe qu'ils acceptent leur complémentarité, d'autant plus forte qu'il y a de différences reconnues entre eux. Cette complémentarité devait constituer la force de Gérard Saucier et Vianney Barrette.

En de nombreuses circonstances, le sens de la mesure chez l'un pouvait corriger et compenser l'excès chez l'autre. Vianney était direct, parfois trop, mais il était le premier à s'en rendre compte et à le reconnaître ! On raconte qu'un jour, lors d'une importante demande de subvention pour la construction d'un pont à l'île Canica, Vianney s'était impatienté en disant au représentant du gouvernement : « Crisse, c't'argent-là, si vous voulez pas nous l'donner, gardez-le ! » Puis, se rendant compte de sa bévue, il s'était retourné vers Gérard en avouant, penaud : « Je pense que j'aurais été mieux de me fermer ! » Gérard était de tempérament plus froid, fort utile dans les négociations. Il gardait toujours son calme et il bénéficiait d'une longue expérience.

À leur façon, ces deux hommes ont pu servir de modèle d'association aux petits entrepreneurs québécois, traditionnellement individualistes. On raconte qu'il était plutôt rare que deux entrepreneurs canadiens-français réussissent à parler affaires, à s'entendre, à partager et à diriger ensemble. Il paraît même que le succès rendait les choses encore plus difficiles.

D'après ceux et celles qui les ont bien connus, leurs différends ne duraient pas. Ils arrivaient rapidement à trouver un terrain d'entente et à se mettre d'accord. Entre eux il n'y avait pas d'inimitié : ils parvenaient toujours à composer en faisant les compromis nécessaires.

La planification successorale de 1969

En 1969, Gérard Saucier, âgé de cinquante-trois ans, a fait un choix qui en dit long sur sa personnalité. Il aurait dû, normalement, détenir les actions ordinaires de la jeune compagnie. Mais « en homme de confiance et d'optimisme », selon les mots mêmes de son avocat, Michel Gilbert, « il a choisi de faire souscrire les actions ordinaires par ses enfants, par l'intermédiaire d'un *holding* familial créé à cette fin : Les Entreprises Gérard Saucier ltée.

« Objectivement, il prenait là un risque important. Il était jeune, ses enfants étaient très jeunes. Il ne connaissait pas l'orientation de tous ses enfants. Il savait que la croissance future de son entreprise appartiendrait à ses enfants. Malgré cela et malgré le fait que son capital personnel n'était pas élevé, il a choisi la voie de la confiance et de l'optimisme qui lui était dictée également par l'amour de ses enfants. Peu après, les enfants sont devenus en fait plus riches que leur père. La confiance qu'il a mise en eux rayonnait également à l'égard de toutes les personnes qu'il ajoutait à l'équipe. »

D'après cette entente, la succession était gelée au profit des six enfants dont l'aînée n'avait alors que vingt-trois ans. Chacun d'eux se retrouvait propriétaire à « un sixième ». D'emblée, Gérard faisait confiance à leur potentiel, même si les preuves restaient à venir. Il disait à son avocat : « Ce sont mes enfants, je les aime… » Le 25 août 1969, le *holding* familial constitué treize jours plus tôt faisait ainsi l'acquisition de 50 % des actions émises par Barrette & Saucier ltée.

Le vieux principe d'équité

Pour Marcel Côté, professeur à l'École des Hautes Études commerciales, cette façon de faire était à l'époque exceptionnelle et même d'avant-garde. De nos jours, ce gel successoral peut être considéré comme l'expression d'une vision moderne des affaires, en même temps qu'une transposition d'une vieille coutume paysanne.

Sans doute peut-on y voir l'origine terrienne du principe d'équité, comme l'imaginaient les cultivateurs. Tout le monde devait être dans le coup, du plus petit au plus grand. C'était la transmission de l'héritage. Un « habitant » ne vendait jamais sa terre puisqu'un bien de famille doit se léguer.

Cependant, selon la tradition, la terre devait être léguée à l'aîné. Mais Gérard voulait que son entreprise soit léguée en parts égales à ses six enfants. Il avait un sens aigu du partage. À cet égard, Jean, le cadet, parle de son père comme d'un homme « qui avait le sens de l'équilibre, de l'équité et de la générosité au plus haut point ».

Portrait d'entrepreneur

Par ailleurs, ajoute le professeur Marcel Côté, l'entrepreneur d'autrefois, en particulier celui qui évoluait loin des zones urbaines, était traditionnellement un personnage secret. Pour tout ce qui concernait son business, il était même souvent cachottier. Il n'en parlait pas beaucoup et ne faisait généralement pas montre de ses succès financiers. Il préférait même laisser croire que les temps étaient durs.

Gérard Saucier appartenait à cette lignée d'entrepreneurs traditionnels. C'était un homme d'action. Sa place était parmi ses hommes, sur le terrain. Il s'occupait de ses nombreux frères et sœurs en les incorporant à l'entreprise. Il pouvait être possessif, voire paternaliste, dans le bon sens du terme, pour tout ce qui touchait à « son » entreprise. En bon *self-made-man*, il était maître à bord après Dieu et il devait être au courant de tout ce qui se passait, dans le moindre détail.

Sa particularité, « c'était une orientation vers les autres, ni messianique ni dogmatique, mais simplement faite de compréhension et d'une certaine dose de générosité », à l'image du « bon leader », comme le décrit le professeur André-Jean Rigny, de l'Université de Montréal. Loin des écoles d'administration et bien avant que les théories actuelles de la motivation n'aient été formulées, Gérard Saucier avait compris le lien direct entre un style de leadership et le degré de motivation des employés. « Intéresser les gens à leur travail, alors que celui-ci occupe la plus grande partie de leur vie éveillée, c'est les intéresser à leur propre existence. [...]

Le travail reprend son caractère d'activité "naturelle", qui mobilise l'homme comme pourrait le faire une occupation qu'il se serait choisie, un loisir par exemple, et qui lui apporte satisfaction et estime de soi. » Telle était sa conception du travail, qui correspond bien à la définition qu'en donne le professeur Rigny.

La question de l'approvisionnement

L'usine Barrette & Saucier ltée est devenue un véritable modèle de consolidation industrielle et d'efficacité de mise en marché dès les premières années de fonctionnement. Pour remplir pleinement son rôle, la compagnie avait cependant besoin d'une plus grande sécurité d'approvisionnement.

Au tout début, la scierie de Comtois ne comptait que sur un approvisionnement annuel de l'ordre de 24 000 unités de 100 pieds cubes de bois résineux, en provenance de la concession affermée à Gérard Saucier ltée. Comme cet approvisionnement représentait un volume de bois scié d'environ 30 millions de p.m.p., cette question touchait la survie même de l'usine.

En effet, comme on l'a vu plus tôt, la production annuelle en bois d'œuvre de Barrette & Saucier se chiffrait à 42 millions de p.m.p. après les trois premières années d'opération. Les deux associés envisageaient toujours une croissance de la production pour les années à venir. Or, à ce niveau, tout était fonction de l'approvisionnement. À cet égard, Gérard Saucier, le négociateur et militant politique, savait comment s'y prendre. Et c'était évidemment plus facile lorsque le bon parti avait le pouvoir.

Les libéraux reprennent le pouvoir

Après la mort subite de Daniel Johnson, le 26 septembre 1968, le gouvernement de l'Union nationale, sous la direction de Jean-Jacques Bertrand, n'arrive pas à surmonter les nombreuses difficultés reliées au ralentissement économique qui a suivi l'Expo 67, sans compter la contestation étudiante, ouvrière et nationaliste.

Le 29 avril 1970, Robert Bourassa devient, à trente-six ans, le plus jeune premier ministre que le Québec ait connu. Le

Parti libéral, avec une campagne axée sur le « fédéralisme rentable » ainsi que sur la relance de l'économie, et principalement sur la promesse de créer 100 000 emplois, exerce confortablement le pouvoir, malgré un pourcentage du vote moindre qu'aux élections précédentes. À l'occasion de ces élections, Gérard a beaucoup travaillé dans le comté d'Abitibi-Est. Ainsi, le jour du scrutin, à Comtois, tout le monde a eu droit à son tour d'hélicoptère, en particulier les enfants.

Le deuxième avion de Gérard, un Cessna 180, CF-AEQ.

Le jour du vote à Comtois, tout le monde a eu droit à son tour d'hélicoptère, en particulier les enfants, printemps 1970.

Le paysage politique a changé. Le véritable adversaire des libéraux est dorénavant le Parti québécois, avec 23,1 % du vote pour seulement 7 sièges. Les Créditistes obtiennent 12 sièges avec 11,1 % du vote, grâce à la concentration régionale de leurs voix. Ces transformations radicales des partis politiques reflètent les profonds changements qui marquent le Québec pendant ces années.

Une demande d'approvisionnement

Le 1er septembre 1970, profitant de la récente élection du Parti libéral, l'ingénieur forestier Robert-L. Dumont présente au nouveau ministre des Terres et Forêts, Kevin Drummond, un bref mémoire au sujet de l'approvisionnement de l'entreprise Barrette & Saucier ltée. Il s'agit d'une requête de stabilisation assortie au programme et à la fonction de la forêt domaniale de Matagami.

Il y invoque l'instabilité de l'alimentation en matière ligneuse, cause de problèmes majeurs dans le fonctionnement de l'usine. L'ingénieur rappelle au ministre les résultats impressionnants des trois premières années, en particulier l'amélioration de la productivité due aux récentes innovations dans le domaine de la machinerie d'usine de sciage.

L'incendie de septembre 1970

À Comtois, le vendredi 11 septembre 1970, un grand nombre d'employés de l'usine, qui vivent sur place et forment une petite collectivité permanente, sont réunis au centre récréatif pour la projection d'un film. Brusquement, à la fin de la soirée, un feu puissant poussé par un fort vent de 40 milles à l'heure vient détruire plusieurs bâtisses autour du moulin.

Un employé qui a été témoin raconte : « Tout a brûlé. Et le feu est venu du côté de la bonbonne de gaz propane qui était longue comme une maison. Quand elle a sauté, elle s'est coupée en deux. Elle a monté, ça a fait comme une fusée, puis elle est retombée vis-à-vis de la roulotte de Gérard. Il y avait bien des gens qui regardaient brûler ça. Si ça avait tombé sur les gens… C'est un miracle qu'il y ait pas eu de morts ! Il y avait des morceaux au bord de la rivière, et d'autres derrière la roulotte de monsieur Saucier. De Lebel-sur-Quévillon, ils pouvaient apercevoir les flammes ! »

Tout le monde peut fuir à temps. Mais tout est détruit, sauf le moulin : le centre récréatif, les deux grands dortoirs et plusieurs autres petites constructions. La plupart des employés se retrouvent sans abri et ils doivent être hébergés dans des roulottes mises à leur disposition par la compagnie Domtar.

Dans la plus pure tradition de la « corvée », dès le lendemain, les ouvriers sont à l'ouvrage pour la reconstruction des bâtiments sur les mêmes fondations de ciment. Tout le monde travaille avec ardeur ! C'est le témoignage d'un sentiment d'appartenance, comme jadis la communauté savait réunir ses forces pour un objectif commun. En décembre, tout est rénové, rebâti et même amélioré. Les employés retrouvent leur « village » et le travail reprend.

De leur côté, Gérard Saucier et Vianney Barrette ne cessent de penser à la modernisation du moulin. Ils s'intéressent à tout ce qui se fait ailleurs et prévoient toujours des transformations ou des ajouts possibles.

Un deuxième accident d'avion

Le 16 mai 1970, Gérard achète un nouvel avion, un Cessna 180 immatriculé CF-AEQ, *Charlie Foxtrot Alpha Echo Québec*, à Lac-à-la-Tortue. Quelques mois plus tard, par un bel après-midi de novembre, il s'apprête à partir. Selon son habitude, il va d'abord faire un tour à la cuisine, prendre un café avant de tenter un décollage à skis sur le plan de l'usine, une aire qui n'a rien d'une piste d'atterrissage. Au dire de Françoise et Stanley Mongrain qui n'ont pas oublié la scène, il semble très nerveux.

Beaucoup d'employés sont dehors pour assister à son départ. Stanley se souvient de lui avoir dit :

– Vous avez pas peur de vous lâcher ? Vous prenez une grosse chance !

– Pas de problèmes, j'en ai assez long !

Stanley raconte : « Là, y prend son café, pis y sort dehors. Y était ben orgueilleux ce bonhomme-là. Y me semble de le voir partir, ben sérieux. Tout le monde le regardait. Brroum, brroum… Ça va bien, ça va bien…

« Si y avait pas accroché le poteau au bout du garage à Morin, là, y avait un poteau pour la lumière, s'y avait pas accroché le coin de son aile… C'est parce que l'avion, c'était sur la glace vive, pis y avait des mottons… S'y avait eu de la neige, le père, y se lâchait pis y était correct, mais là, c'était sur la glace, ça dérapait.

« Lui y voulait clairer son aile pour le garage, pis y avait des piles de bois en face. Pis là, icitte, y a le poteau : ça fait que là, y voulait clairer le garage, y a tassé un peu, pis un moment donné, ça a glissé, ça a pogné le coin de l'aile. Y avait *boosté* son avion, là, y était prêt.

« Parce qu'y avait la pile de bois en avant, y fallait qu'y lève avant d'arriver à la pile de bois. Tout le monde pensait qu'y rentrait dans la pile de bois. Mais là, ça l'a dérangé, pis y a viré de travers.

« Un moment donné, on voit monter comme une brume dans l'air. J'ai eu peur que j'te dis ! Y avait un maudit trou, on voyait pus l'avion. Un trou où on dompait les écorces pour faire du remplissage. On est parti, là. Y avait Jean-Paul aussi.

« Gérard est sorti du trou : "J'ai perdu mes lunettes, mais ça va aller !" J'y ai dit de venir prendre queque chose à la cuisine. »

Après avoir accepté, Gérard décide d'aller plutôt à la roulotte, se plaignant d'un mal de dos… Il demande au commis de le masser. Puis il est transporté à l'hôpital de Val-d'Or en ambulance d'où il sortira avec un « carcan de plâtre » qu'il devra porter pendant quelques mois. L'événement a bien impressionné le cadet Jeannot qui a trouvé « que son père était bien chanceux de faire un beau tour d'ambulance ». Cet accident n'a pas empêché Gérard de vaquer à ses occupations régulières ; un chauffeur le transportait au travail tous les jours.

Une vie en marge des grands problèmes politiques

Ce même automne 1970, le gouvernement Bourassa est mis à rude épreuve. Au sud de la province, on parle, en code, de « l'urgence rouge ». Dans la nuit du 15 au 16 octobre, c'est la Loi des mesures de guerre décrétée par le gouvernement du premier ministre Pierre Elliot Trudeau : perquisitions et arrestations sans mandat, chasse aux « terroristes », l'armée dans les rues, enlèvement du diplomate britannique James Cross, assassinat du ministre Pierre Laporte. Des présidents de syndicats, des professeurs, des avocats, des artistes et des sympathisants présumés de certains felquistes (membres du Front de libération du Québec) sont mis en prison. Le Québec vit une des périodes les plus pénibles de son histoire.

Cette période est aussi celle des démêlés avec les syndicats. Les bouleversements atteignent les zones urbaines ; on parle même de chaos social. Paul Boudreau, le mari de la plus jeune sœur de Gérard Saucier, Marie-Rose, le souligne : « Dans c'temps-là, y a eu de grosses grèves dans l'bas d'la province. Gérard, y voulait gérer son affaire. Lui, son but, c'est que chacun faisait partie un peu d'la réussite, parce qu'avec un syndicat, quand la cloche sonne, tout est fini ! »

Quelques mois plus tard, en 1972, avec le saccage du chantier de la baie James, la contestation gagne les régions éloignées. Un grand nombre de revendications se font au nom d'un nouvel ordre social.

Mais l'entreprise Barrette & Saucier résiste encore à l'influence des syndicats. S'il y a quelques remous ici et là, ils sont aussitôt dissipés, alors que chez les principaux compétiteurs de la région, notamment Normick Perron et Forex, les employés sont syndiqués. À quelques milles, à la Domtar, le syndicat est aussi bien implanté. Marie-Mai, la sœur de Gérard, témoigne : « C'était le seul groupe ou entreprise forestière de pas syndiqué dans la région. Gérard se méfiait pas du syndicat. Y en voulait tout simplement pas ! Ses bûcherons le respectaient beaucoup. Y aimait mieux donner lui-même. Y était généreux, mais y voulait pas se sentir obligé de donner. »

Comme le souligne Lucien Cliche : « C'était un peu la mentalité de notre génération. » Et l'avocat Michel Gilbert ne se souvient pas d'avoir entendu parler Gérard contre les syndicats. « Il créait, dit-il, des situations qui faisaient que le syndicat n'était pas nécessaire. »

S'il n'a rien contre, il n'est pas cependant sans le craindre. Aussi a-t-il la possibilité de « voir venir » l'appareil syndical grâce à un véritable réseau d'information. Ses frères, aux avant-postes, le mettent au courant de n'importe quelle tentative d'infiltration : Jean-Paul est directeur des opérations forestières, Jean-Ménard est garagiste et propriétaire de machinerie forestière, et Jean-Claude travaille en forêt comme contremaître. Marie-Mai est au service de la paye, et Zoël vend des *chainsaw* aux « bûcheux » de Gérard. Hôtelier, Hermel entend tout ce qui se raconte, y compris les menaces ou les simples velléités de syndicalisation. Sans compter les cuisiniers du Bas-du-Fleuve, souvent de vieilles connaissances que les hommes se chargent d'informer.

Un gros contrat d'approvisionnement

À Comtois, on est bien loin des chambardements de la vie politique et des questions nationalistes, extrémistes et felquistes qui, au sud, font trembler la métropole et la capitale. Les préoccupations essentielles tournent autour de la forêt, du fonctionnement de l'usine, de l'abattage des arbres, et surtout de l'approvisionnement, qui a toujours été une question cruciale.

En réponse à la lettre de Robert-L. Dumont et aux interventions de Gérard Saucier, le 18 décembre 1970, le ministre des Terres et Forêts, Kevin Drummond, annonce officiellement la signature d'un contrat avec la compagnie Barrette & Saucier lui garantissant, pour une période de dix ans, un approvisionnement de l'ordre de 9,5 millions de pieds cubes de bois à même la forêt domaniale de Matagami. Il s'agit du plus important contrat d'approvisionnement jamais signé dans la province de Québec pour une usine de sciage.

Sur la photo officielle du Ministère commémorant l'événement, figurent le ministre Kevin Drummond et son chef de cabinet, Roger Houde, Vianney Barrette et le notaire Jean-Pierre Poirier ainsi que Robert-L. Dumont. Gérard Saucier, le grand absent, est encore dans le plâtre des épaules jusqu'aux hanches, en raison de son deuxième accident d'avion avec CF-AEQ, quelques semaines plus tôt.

Gouvernement du Québec

Le ministre Kevin Drummond (assis), accompagné (de gauche à droite) du notaire Jean-Pierre Poirier, de Vianney Barrette, Roger Houde, chef de cabinet, et de l'ingénieur Robert-L. Dumont.

Une production de 100 millions de p.m.p.

La compagnie Barrette & Saucier doit utiliser tout le bois de cette forêt. Grâce à cet approvisionnement, elle réalise une production annuelle de 100 millions de p.m.p. et de 125 000 tonnes de copeaux secs livrés à la Domtar, avec un personnel de 160 employés permanents.

La compagnie s'engage à conduire les travaux forestiers de façon à produire le maximum possible de billots propres au sciage et à les acheminer exclusivement à l'usine de Comtois. Elle doit aussi assurer l'utilisation complète du bois de récupération et des résidus, sous forme de copeaux, pour la fabrication de la pâte.

On célèbre de façon tout à fait particulière le mois de décembre et le temps des fêtes cette année-là à Comtois. Les nouvelles installations et le contrat d'approvisionnement ont créé un climat d'enthousiasme extraordinaire, un sentiment de réussite et de fierté partagé par tous.

Chaque année, Noël est l'occasion par excellence d'un échange de cadeaux pour récompenser les employés de leur participation au succès de l'entreprise, et donne lieu à plusieurs rencontres chaleureuses. Tous s'en souviennent encore aujourd'hui. Ils se sentaient liés au succès exceptionnel qui était celui non seulement de deux hommes, mais aussi d'une équipe et d'une région.

L'incendie de janvier 1971

Environ trois semaines plus tard, au tout début de l'année 1971, le samedi 9 janvier, vers 17 h 45, un nouvel incendie cause des dommages considérables au moulin. Les flammes auraient été accidentellement causées par un appareil à souder. Grâce à l'intervention rapide des pompiers de Lebel-sur-Quévillon, après quatre heures de travail acharné, l'incendie est maîtrisé. Là encore, personne ne s'est laissé abattre : un autre moulin a bientôt remplacé le précédent, plus gros et plus performant.

La prime à la production

C'est en même temps que la mise en place d'un troisième *shift*, comme les hommes appellent familièrement le changement d'équipe pour chaque période de travail de dix heures, qu'un système de gratification, un *bonus*, est instauré.

Lucien Chassé, *foreman*, est arrivé à ce moment-là : « Ils ont mis le système de bonus sur la production en 1971, à l'ouverture du troisième *shift*. Le monde faisait plus en bonus qu'en salaire ! Le monde se garrochait là, dans toute l'Abitibi, pour travailler. C'était un travail d'équipe. Si tu te traînes les pieds, tu t'en vas ! »

En fait, depuis l'instauration du système de prime en 1971 jusqu'à l'exercice financier se terminant le 31 août 1975, le bonus versé aux employés aura représenté près de 23 % de la masse salariale totale. C'est là un incitatif important visant à accroître la productivité, mais aussi un encouragement pour les employés qui sentaient moins le besoin de se syndiquer. De plus, c'était un outil de gestion du personnel fort efficace. À l'usine, le *foreman* n'a plus besoin de remercier de ses services un employé non productif. Les membres de l'équipe s'en chargent, quand ce n'est pas l'employé lui-même qui décide de partir.

Comme il y a trois « quarts de travail » à l'œuvre, une saine compétition existe entre les équipes. C'est à qui fracasserait de nouveaux records de production. Il n'est donc pas question de se traîner les pieds et de ralentir le rythme de production. C'est une tâche commune, un « bonus » d'équipe.

Des horaires sur mesure

Pour les patrons, il importe que les employés soient contents de leurs conditions de travail et de leur salaire. Ils croient en la maxime « on ne travaille pas bien quand on n'est pas satisfait ». Comme plusieurs viennent du Bas-du-Fleuve, les horaires sont faits sur mesure pour leur permettre de retrouver leur famille pendant quelque temps : dix jours de travail suivis de cinq jours de congé. Ce système permet une production continue, sept jours par semaine, vingt heures par jour. Il fallait attendre le fameux *shutdown*, ou fermeture, qui correspondait aux vacances d'été, pour effectuer les réparations nécessaires ou les modifications majeures.

Onil Ouellette parle encore avec fierté de la construction cet été-là, du *slip* automatique, une salle de triage de bois, dans son hangar de 500 pieds de long sur 70 pieds de large. Du jamais vu encore dans l'industrie forestière du Nord-Ouest québécois !

« J'avais installé des haut-parleurs à l'intérieur du *slip* automatique. Pis un gros à l'extrémité, dehors. J'ai été obligé de l'enlever : ça réveillait les gars qui dormaient le jour ! Y avait de la musique à la grandeur du terrain. Les visiteurs voyaient ça. Y en revenaient pas ! »

Inauguration de la nouvelle usine

À la fin de 1971, le mercredi 8 décembre, le *Fairchild F-27* turbo-propulsé du gouvernement du Québec atterrit à Lebel-sur-Quévillon avec, à son bord, le ministre des Terres et Forêts, Kevin Drummond. Dès son arrivée à l'usine de Comtois, à l'aide d'une hachette fort symbolique, le ministre coupe le traditionnel ruban.

Près de trois cents invités assistent à l'inauguration de la nouvelle usine de sciage. André Hénault agit comme maître de cérémonie. Plusieurs personnalités connues prennent alors la parole : Lucien Cliche, directeur de la Société de développement de la baie James, Gérard Poirier, maire de Lebel-sur-Quévillon, ainsi que l'abbé Benoît Rousseau, le curé fondateur de Lebel-sur-Quévillon.

Gérard Saucier prononce le discours de bienvenue. Après avoir rappelé la collaboration du gouvernement fédéral avec le ministère de l'Expansion économique régionale, et de celle du gouvernement provincial avec le ministère de l'Industrie et du Commerce, il rend un hommage particulier à Lucien Cliche, ministre des Terres et Forêts entre 1962 et 1966, pour sa participation à l'implantation de l'usine.

C'est avec fierté et optimisme qu'il termine son discours : « Nous n'avons cessé d'améliorer notre production d'une année à l'autre en même temps que les conditions de travail de nos employés. Nous sommes dans un coin de pays où il fait bon vivre. »

Un film sur l'usine et sur les différents stades des opérations était présenté au public pour qu'il soit à même de comprendre le fonctionnement de ce nouveau complexe.

Quant au ministre Drummond, après avoir souligné l'importance du potentiel forestier de l'Abitibi et l'opportunité de l'association des deux hommes d'affaires québécois Gérard Saucier et Vianney Barrette, il rappelle la nécessité de regrouper les industries. Il souligne le besoin de la mise en commun des capitaux et

L'inauguration de la nouvelle usine, 8 décembre 1971.

Lucien Cliche, Gérard Saucier, Kevin Drummond et Vianney Barrette.

Vianney Barrette, Yvette Saucier, Irène Barrette, Kevin Drummond et Gérard Saucier.

Gérard et le ministre des Terres et Forêts, Kevin Drummond.

Gracieuseté de Gérald Bolduc

Le complexe de sciage de Comtois, été 1972.

La roulotte de Gérard.

des ressources pour que l'économie devienne concurrentielle. Il faut, disait-il, reconnaître que l'industrie artisanale n'est plus rentable. Il se déclare aussi très fier, comme Québécois, des progrès accomplis par Barrette & Saucier ltée. « Si le slogan *Québec sait faire* signifie quelque chose, ajoute-t-il, c'est bien ici. »

Il termine en annonçant que son ministère est sur le point d'établir une mesure qui pourrait obliger les acheteurs de copeaux d'une région, les papetières, à acheter tout ce que les scieries produisent de cette matière première dans les territoires avoisinant leurs usines.

Lors de cette inauguration, les qualités et les mérites, l'esprit d'initiative et l'optimisme des deux entrepreneurs sont amplement soulignés. Dans l'euphorie de la fête, le curé Benoît Rousseau allait même jusqu'à déclarer : « Nous sommes maintenant en présence de ce qui se fait de mieux au monde ! »

Ce qui est certain, c'est que le complexe de sciage Barrette & Saucier ltée est considéré comme un modèle du genre. À la fois original et adapté au milieu, il se classe parmi les entreprises les plus dynamiques du Canada. L'usine assure de l'emploi à 300 personnes, dont 175 à l'usine, à l'entretien et à l'administration, et 125 à la coupe du bois.

Une entreprise en constante évolution

Les années 1970 et 1971 sont celles des grandes transformations. La région est en effervescence, avec l'amorce, en 1971, de l'aménagement hydroélectrique de la baie James pour créer une mer intérieure de 4 350 milles carrés. Elle devait produire plus de dix millions de kilowattheures.

L'année 1972 allait être la grande année du Nord. En avril, le gouvernement du Québec annonce son projet de construction du plus important complexe hydroélectrique au monde, sur la rivière La Grande.

En forêt, l'effort demandé à la machine est de plus en plus considérable et l'automation intégrée à l'usine ne cesse de progresser. L'usine Barrette & Saucier, grâce aux contrats d'approvisionnement aussi bien qu'aux incendies qui ont forcé la modernisation, est devenue un véritable complexe industriel comprenant la salle d'écorçage et de tronçonnage ainsi que la scierie et la salle de triage, deux bâtiments qui s'étendent sur 875 pieds de longueur.

Les différentes étapes du traitement du bois

Le façonnage est la première d'une série d'opérations que subissent les arbres abattus en forêt, dont le tronçonnage, l'écimage et l'ébranchage. Sitôt livrés à l'usine, les arbres déjà ébranchés et écimés sont dépouillés de leur écorce dans l'une ou l'autre des trois écorceuses. Puis ils sont tronçonnés selon des longueurs déterminées. Les billots, qui mesurent généralement huit pieds, exceptionnellement douze, sont ensuite acheminés vers des tables d'accumulation, communément appelées *bins*. En passant sur la chaîne, deux opératrices de machine font basculer le bois selon son diamètre dans l'une ou l'autre des cinq tables d'accumulation.

Suit l'équarrissage, qui consiste à tailler le bois à angles droits. Le déchiquetage, ou la réduction des déchets de coupe en copeaux, se fait automatiquement. À l'usine Barrette & Saucier, on produit surtout du bois carré qui, selon les commandes et les besoins des clients, est refendu avant d'être plané.

Tout fonctionne à l'électricité, même le chauffage. L'automation, installée dans des bâtiments industriels vastes et bien éclairés, en demi-lune, est fort avancée. Le procédé de transformation du bois est continu. Un circuit fermé de télévision permet même la vérification permanente du déroulement des opérations.

Le bois scié, grâce à un système de répartition selon des normes distinctes, est manutentionné par des chariots élévateurs. Ou bien ceux-ci chargent directement les camions pour Montréal, ou bien le bois est directement acheminé dans la cour.

Les différentes étapes du traitement du bois

Les arbres sont dépouillés de leur écorce...

... tronçonnés selon des longueurs déterminées et acheminés vers des tables d'accumulation selon leur diamètre.

Vient ensuite l'équarrissage.

Le bois est chargé sur les camions par des chariots élévateurs.

La place Jean, un vrai petit village

À l'usine de Comtois, le bien-être des employés demeure une priorité et même, pour les patrons, un véritable investissement. Tout le monde y gagne. Des travailleurs heureux et fiers n'en sont que plus productifs.

Pour Lucien Chassé, contremaître : « C'était une vraie famille, tout le monde était égal, du balayeur au *millwright*. Quand un gars avait la chance de travailler pour Saucier, y était content. Et dans ce temps-là, un employé faisait toujours de son mieux pour sauver de l'argent au boss. »

À l'été 1971, les unités mobiles d'habitation et les bâtiments en acier préfabriqués forment un vrai petit village et regroupent plus de 125 familles autour de la place Jean, ainsi nommée en l'honneur du cadet de la famille. Les forestiers, qui sont loin des leurs, disposent d'une chambrette confortable où se retirer après une journée de travail.

On parle encore aujourd'hui de ceux qui veulent venir y travailler. Il y a des listes d'attente. Les employés sont animés d'un véritable sentiment d'appartenance : ils s'identifient à une équipe gagnante dans une entreprise en pleine expansion.

La cour en ciment

Au centre du plan, près des roulottes et de l'usine, la surface de la cour est en ciment. Pour uniformiser cette aire, la compagnie y a coulé plus de 46 000 sacs ! L'entretien de la cour s'en trouve facilité, il n'y a pas de boue, pas de trous. Avec son goût de l'ordre, de la propreté et de la discipline, Gérard n'est pas peu fier. Il disait : « J'aime ça propre. Et c'est moins dur sur la machinerie. Finalement, ça coûte moins cher ! » Personne n'a encore vu ça : une immense cour en ciment au beau milieu de la forêt !

Ce n'est pas sans un certain sourire que l'ingénieur Vianney Allard évoque cette cour où, dit-il, « on étendait le ciment comme du "beurre de pinotte" ! ». Si Gérard Saucier l'aime bien, son ciment, Vianney Barrette, lui, est encore plus « vendu » à l'idée. Et pour cause : il en a fait le commerce pendant quelques années. Il est même prêt à en étendre une couche à la moindre occasion, et toutes les raisons sont bonnes. Pendant l'été, la cour devient aussi une source d'emplois pour les étudiants qui brossent et balaient le ciment comme des matelots passent le faubert sur le pont d'un navire.

On raconte qu'un jour, de gros camions sont arrivés en trombe sur le plan, chargés de lourds sacs de ciment. Or, Gérard, cette fois-là, n'avait pas été mis au courant. Il a été surpris, puis furieux. Les hommes se sont mis à brasser le ciment sur place, puis à le répandre. Quand ils l'ont étendu dans l'allée même de sa roulotte, devant sa porte, c'était le comble. Il ne pouvait même plus rentrer chez lui ! Il n'était pas de bonne humeur : il était en sueur, même sa moustache se retroussait ! Mais les choses se sont calmées, après une heure ou deux.

La sécurité

On a suggéré à Gérard Saucier d'entourer le plan de l'usine d'une clôture pour prévenir les plus ou moins gros larcins dont la compagnie ne manque pas d'être victime. Il refuse cette idée en disant que l'usine n'est pas un camp de concentration. Il sait que l'installation d'un tel système de sécurité représente des frais importants : bâtiments, barrières, surveillance continue. De plus, comme il est pratiquement toujours sur place et qu'il se sait respecté, il n'en voit pas la nécessité.

La qualité de la vie

Gérard tient à toujours améliorer l'environnement immédiat où il vit avec ses employés, tant il se préoccupe de leur qualité de vie. Un tel milieu favorise l'esprit communautaire. Dans la philosophie de l'entreprise, il est impératif que le personnel soit bien traité. On ne recule devant rien pour entretenir le sentiment d'appartenance, le dialogue et l'aspect humain des relations. Les employés peuvent s'adonner à diverses activités : jeux de cartes, billard, télévision, lecture, « petites vues », chasse et pêche. Il est difficile de s'ennuyer ! Sans compter la proximité de Lebel-sur-Quévillon qui, avec son centre de loisirs, offre sa gamme de services.

La cuisine

Lorsqu'on parle à d'anciens employés de Barrette & Saucier ltée pour évoquer des souvenirs des années passées à Comtois, la cuisine revêt toujours une place importante. Ah ! la cuisine... Le réfectoire est l'un des lieux privilégiés de rencontre. Aucune hiérarchie ne vient séparer les personnes : tout le monde est sur un pied d'égalité.

Gérard se fait toujours un plaisir de manger avec son monde. Pas question de plats spéciaux. Il va se servir lui-même et fait la queue à la cafétéria tout en taquinant au passage le chef cuisinier Stanley Mongrain, quand ce n'est pas « Ti-Gard » Martin, qui depuis leur Nouveau-Brunswick natal, l'a toujours suivi en forêt pour travailler à la cuisine. Ces deux-là ont la repartie facile, ce qui ne manque pas de semer la bonne humeur.

Les plats nombreux et variés sont dressés à la manière d'un buffet. Il y a la qualité et la quantité. Du jamais vu, comme dans un grand hôtel, disait-on. Les chiffres sont là pour en témoigner. Françoise Mongrain se souvient qu'à cette époque, elle préparait 900 repas par jour ! Près de 300 dès six heures du matin. À midi, 200, au souper, 300, et à minuit une bonne centaine ! On ne lésine sur rien. Dans la région, on en parle comme d'un endroit tout à fait exceptionnel.

La générosité de Gérard s'y exerce largement. De nombreux autobus scolaires arrivent des villes voisines remplis de jeunes écoliers venus visiter l'usine et à qui le repas est offert gracieusement. Sans compter les Chevaliers de Colomb, qui bénéficient souvent des largesses de la compagnie, et plus particulièrement du patron qui finance plusieurs de leurs projets.

Le joueur de cartes

Gérard Saucier n'a guère de temps à consacrer aux loisirs. Mais il prend parfois une heure pour aller jouer aux quilles à Lebel-sur-Quévillon avec son frère Jean-Claude ou avec Onil Ouellette, un employé de l'usine.

Il aime aussi jouer aux cartes à son chalet du bord du lac Quévillon. Il a pour voisin le fils de Jean-Baptiste Lebel,

Henri, du même âge que lui, ainsi que son grand ami Wilfrid Marquis. Ils jouent ensemble au bridge durant les longues soirées de l'été.

On dit qu'aux cartes, le joueur révèle son caractère et son tempérament. Gérard peut se fâcher à l'occasion, même se montrer « malin ». Il y a Wilfrid, son frère Gilbert et le maire de Lebel-sur-Quévillon, Gerry Poirier. Il leur arrive de discuter jusqu'à quatre heures du matin pour une question de cinq « cennes ». Lui qui se couche généralement tôt oublie le temps chaque fois qu'il s'engage dans une partie de bridge. Plus d'une fois, Yvette, confinée au rôle de maîtresse de discipline, doit sonner la cloche pour que ces messieurs aillent se coucher.

L'appartement en Floride

Le 13 mars 1972, la famille Saucier fait l'acquisition d'un appartement en copropriété en Floride, à Miami Beach. Dès lors, Yvette et Gérard se retrouvent à l'occasion au soleil pour des vacances courtes, mais salutaires. Ils en profitent pour y rencontrer leurs amis.

Gérard prend plaisir à s'y rendre à l'occasion des fêtes de Noël et de Pâques. Il goûte la chaleur, la mer et les longues marches sur la plage. Mais ce qui lui plaît le plus, au grand dam d'Yvette, ce sont les fameuses courses de chiens, au sujet desquelles il n'avoue que ses gains. À ce sujet, Pierre se rappelle non sans sourire : « Combien de fois lui ai-je servi d'alibi pour lui permettre de s'évader aux courses pendant quelques heures, même en plein après-midi ! »

Les employés eux-mêmes ont bénéficié d'un condo mis à leur disposition. Cela faisait partie des avantages sociaux. « Va donc te reposer une semaine ! » disait Gérard à ceux de ses hommes qui, après une performance exceptionnelle, donnaient des signes de fatigue.

Le décès de Vianney Barrette

En 1973, Gérard Saucier et Vianney Barrette sont deux hommes très dynamiques, dans la force de l'âge. Gérard est dans la cinquantaine et Vianney, dans la quarantaine. Deux gars brillants, comme disent ceux qui les côtoient. Passionnés par le travail, ils parlent sans cesse de leurs projets. Ils sont toujours en mouvement, par monts et par vaux, qu'il s'agisse de gestion des personnes, de recherche de marchés, d'achats de nouveaux engins, de plans de moulins, de rendez-vous avec des hommes politiques ou avec des directeurs de compagnies, de rencontres avec les employés, ou d'idées nouvelles.

Françoise Mongrain raconte que Vianney Barrette « bâtissait un moulin chaque fois qu'il s'assoyait à table ». Elle lui reprochait de ne pas assez manger, de se nourrir de quelques morceaux de fromage et d'une barre de chocolat. « Venez donc manger ! » lui disait-elle, et elle se faisait répondre : « Vous êtes pas ma mère ! »

Tous deux sont en bonne santé, bien que Vianney ait eu quelques ennuis du côté du cœur. Plusieurs personnes, aussi bien de sa famille que de ses amis, dont Gérard, tentent de le convaincre de se faire soigner et, même, de se faire opérer s'il le faut.

Son fils Yves Barrette, alors âgé de dix-neuf ans, n'a pas oublié. « Mon père avait horreur des hôpitaux. Il savait depuis un certain temps qu'il avait un malaise. Il a fallu que ma mère insiste pour le convaincre de se rendre à l'Institut de cardiologie de Montréal. Après avoir subi des examens, on lui a dit qu'il devait se faire opérer d'urgence dès le lendemain matin. Il a refusé, disant qu'il allait d'abord demander une seconde opinion auprès d'un institut américain.

« Il est donc revenu à la maison ce soir-là. Après avoir fait le tour de sa propriété, se sentant plutôt mal, il a demandé à ma mère d'appeler Maurice Leblond pour que celui-ci le ramène à l'hôpital. Il est décédé en cours de route. »

C'est ainsi que Vianney Barrette mourait subitement, le 28 septembre 1973, à l'âge de quarante-cinq ans.

CHAPITRE

11

Seul à la barre, 1973-1975

Une nouvelle politique forestière

À l'automne 1973, le 29 octobre, de nouvelles élections viennent confirmer le Parti libéral de Robert Bourassa au pouvoir. Quelques semaines auparavant, à peine trois jours avant la mort de Vianney Barrette, un plan quinquennal d'exploitation était octroyé à Barrette & Saucier ltée. Il incluait un contrat d'approvisionnement de 240 000 unités de 100 pieds cubes. Au bas du document figurent les noms du ministre Kevin Drummond, du notaire Armand Gilbert, de Gérard Saucier et de Vianney Barrette. Le contrat est relié à la nouvelle politique forestière libérale qui n'a cessé d'évoluer depuis les heureuses initiatives de Lucien Cliche au début des années 1960.

En 1970, en début de mandat, Kevin Drummond, ministre des Terres et Forêts du premier gouvernement Bourassa, avait affirmé que l'aménagement des forêts devait se faire d'une façon systématique et rationnelle. En replantant la forêt pour les générations futures, il était possible d'envisager à moyen terme l'accroissement des coupes. À court terme, la restauration forestière par plantation entraînait immédiatement la création d'emplois, ce qui cadrait bien avec la politique de l'heure, celle de fournir, dès 1971, les 100 000 emplois promis aux dernières élections.

En 1972, une nouvelle politique forestière était mise en place par le gouvernement Bourassa. À l'époque, l'objectif était de redonner d'abord à l'État la responsabilité de l'allocation des ressources forestières. Les mesures prises alors instituaient un environnement stable dans la disponibilité de la matière première ; elles favorisaient son essor et contribuaient à la prospérité de l'industrie forestière.

La gestion des forêts publiques

Au printemps de 1974, en voyage d'étude au Canada, une importante délégation composée d'une centaine de personnalités venues de 19 pays membres et signataires de la Commission économique européenne est de passage à Val-d'Or.

La visite du complexe de sciage de la compagnie Barrette & Saucier est suivie d'une réception ; un repas est offert par le président Gérard Saucier. Ce soir-là, au cours du banquet, le ministre québécois des Terres et Forêts profite de la présence des délégués de la mission technique pour présenter sa nouvelle politique forestière et les grandes lignes de son Livre blanc paru l'année précédente.

Après avoir précisé que le Québec est en voie d'instaurer un système de répartition de la matière ligneuse basé sur la garantie d'approvisionnement, lequel doit tenir compte des besoins réels des utilisateurs, le ministre évoque le rapprochement des divers secteurs de l'industrie et l'intégration des différentes phases de la transformation du bois. Il précise que chaque partie de l'arbre doit être acheminée là où la meilleure utilisation qui soit peut en être faite, compte tenu de la qualité et de la dimension des bois en grume.

« L'intérêt bien compris des uns et des autres veut qu'on cherche les approvisionnements là où ils se trouvent, ajoutait-il. Pour l'industrie du bois de sciage, cette intégration implique un approvisionnement à même une partie des bois actuellement détenus par l'industrie papetière, alors que cette dernière pourrait avoir des approvisionnements assurés à partir des sous-produits du sciage sous forme de copeaux, sciures et rognures. »

C'est en 1974 qu'est adopté le projet de loi 27, en préparation depuis plusieurs années, qui porte sur la prise en charge par l'État de la gestion des forêts publiques. Le ministère responsable assure dorénavant une meilleure répartition de la matière ligneuse. Pour chaque région, le ministère prépare des plans d'allocation du bois aux différentes usines de transformation. Avec les généreuses subventions accordées aux usines pour leur modernisation, cette mesure assure de meilleures garanties d'approvisionnement aux producteurs et favorise une réorganisation en profondeur de l'industrie du sciage.

Le président de l'Association forestière de l'Ouest du Québec

En novembre 1973, Gérard Saucier est élu au poste de président de l'Association forestière de l'Ouest du Québec. Sa participation à de nombreux congrès et réunions l'amène à s'engager de façon active et visible dans un grand nombre de questions relatives à la forêt : la restructuration, le reboisement, la fluctuation du marché du bois de sciage, le zonage administratif à l'Office de planification et de développement du Québec (OPDQ) et la vente des copeaux.

On le voit souvent à la table d'honneur dans des congrès divers où il est invité à prendre la parole, et sa photo paraît dans les journaux. Pour un homme habitué à la vie austère de la forêt, cette responsabilité, et en particulier ses apparitions publiques, représentent quelque chose de bien nouveau. Cette fonction administrative est une période particulière dans sa carrière. Un peu comme un moine sorti de son monastère, il s'efforce de se mêler à la vie publique et à ces discours officiels. Mais derrière une façade d'homme compétent et plein d'assurance, Gérard est plus seul que jamais. Il vit à ce moment-là une situation difficile, il est envahi de préoccupations qui, pour tout dire, le minent littéralement.

La fin brutale d'une association

Le décès de Vianney Barrette, quelques semaines plus tôt, marquait la fin brutale et imprévue d'une association réussie. « Le *match* parfait, mais un drôle de couple », de dire ceux qui travaillaient avec eux.

Gérard Saucier se retrouve par conséquent seul à la barre, comme un capitaine responsable du navire. Son ami Wilfrid Marquis évoque cette situation dans ces mots : « C'est là que j'ai vu que c'était un homme qui se tenait debout. Quand son associé est mort, c'est tout lui qui a pris ça. » Autour de Gérard Saucier, l'équipe des travailleurs reste sensiblement la même. Mais il faut régler le problème de la succession.

La succession

Pour comprendre toutes les questions liées à la transmission des parts de son associé, il faut se rappeler que dès 1966, au moment même de l'enregistrement de la compagnie, les deux associés s'étaient entendus pour signer une convention d'après laquelle l'associé survivant devait acquérir la part de l'associé décédé à la valeur aux livres, ne tenant compte d'aucun achalandage.

À ce moment-là, les deux associés n'avaient pas le choix : ils devaient signer une entente de ce type puisqu'ils formaient une société et non une compagnie légalement constituée avec un capital-actions, comme le souligne le comptable de la compagnie à cette époque, André Hénault. Ils étaient alors « associés », et il fallait bien qu'un document fasse état de leur association. Cette formule excluait l'intégration des membres de la famille de l'associé décédé. La signature d'une telle entente n'était guère compromettante en 1966, car il s'agissait d'une entreprise naissante. Qui, alors, aurait pu dire que celle-ci connaîtrait le succès phénoménal qui devait être le sien dès les trois premières années d'opération ?

En 1969, avec la constitution en société commerciale, cette entente entre deux individus associés était devenue caduque. Un nouveau projet de convention d'achat-vente en cas de décès de l'un des deux actionnaires devait la remplacer.

Mais la situation avait évolué, elle n'était plus la même. D'une part, chacun des deux actionnaires était conscient que l'entreprise était devenue fort rentable après ces trois années, et rien ne laissait croire que les choses allaient devoir changer. D'autre part, les deux associés accordaient de plus en plus d'importance à l'intégration des membres de leur famille respective, Gérard avec ses six enfants et Vianney qui en avait quatre.

Il y avait aussi un autre détail, non sans importance. En 1969, Gérard était âgé de cinquante-trois ans; c'est dire qu'il avait douze ans de plus que son partenaire. Selon les probabilités, il y avait à long terme plus de risques qu'il ne meure avant son associé que le contraire, ce qui pouvait être pris en compte.

Il fallait un nouveau projet de convention, et les deux partenaires en avaient parlé. Ils avaient commencé à examiner la question, laquelle se révélait d'une très grande complexité. Au dire même de l'avocat de la compagnie, les deux hommes se proposaient d'en arriver «un jour» à signer une nouvelle entente. C'était un projet. Et nul n'ignore qu'il y a parfois loin du projet à sa réalisation.

Une convention entre actionnaires avait-elle été signée?

Il faut bien se rendre à l'évidence: au décès de Vianney Barrette en septembre 1973, plus de quatre ans après la constitution en société commerciale de la compagnie, nul papier ne peut être retrouvé qui puisse régler ou même simplifier les problèmes du partage successoral.

Pour Guylaine, son père semblait pourtant convaincu qu'il y avait quelque part un quelconque papier signé. «Papa était sûr que c'était signé. Ça, je suis sûre de ça», affirme-t-elle aujourd'hui. D'ailleurs elle se souvient d'avoir fait part à son père, au cours de l'été 1973, de son ambition d'obtenir elle-même une participation dans l'entreprise advenant son décès. « C'est peut-être pas bête, mais il faudrait que j'en parle avec Vianney. Regarde donc ce qui a été signé », de répondre Gérard.

Guylaine a communiqué avec l'avocat Michel Gilbert qui lui a répondu n'avoir aucun document signé. Comme elle le précise aujourd'hui : « À cette époque-là, c'est moi qui m'occupais de toutes les discussions d'ordre légal avec Michel Gilbert. » Elle a donc réitéré sa demande auprès de son père pour savoir s'il l'avait signé, ce fameux papier. La réponse a été la suivante : « Oui, oui. Ça doit être à quelque part ! » Gérard donnait l'impression d'avoir déjà signé une quelconque entente.

Quelques semaines plus tard, Guylaine, se trouvant chez elle à Montréal, apprend de son père, par téléphone, le décès de Vianney. « As-tu trouvé une copie signée ? », s'empresse-t-il de lui demander. À sa réponse négative, Gérard rétorque : « Je t'envoie l'hélicoptère. Tu montes à Comtois, et tu cherches. » Guylaine a cherché, mais en vain.

Gérard Saucier a ainsi fait croire à sa fille qu'une convention entre lui-même et son associé avait été signée. Vianney Allard, directeur général de l'usine et ami de Gérard depuis longtemps, le croyait aussi, tant il semblait évident que l'existence d'une telle pièce, dans les circonstances, était nécessaire et allait de soi.

Mais il n'en était rien. André Hénault le confirme : « C'est sûr qu'il n'y a pas eu de convention de signée entre Gérard et Vianney à partir de 1969. J'aurais fait partie de la discussion. J'étais là. »

Pourquoi ne pas avoir signé d'entente ?

André Hénault poursuit : « On en a parlé souvent de cette fameuse convention. Il n'y avait pas moyen de les réunir sur ce point-là, de les faire aboutir à une certaine entente. Il n'y avait pas moyen d'en discuter. D'abord, la mort, ils n'aimaient pas ça en parler.

« Et puis ils n'étaient pas prêts à s'affronter là-dessus, à soulever des problèmes compliqués qui auraient pu entraîner des petites chicanes. C'était pas productif. Quand ils se voyaient, ils aimaient mieux se parler d'autres choses ! Ils avaient la tête pleine de projets.

« Ils étaient certains que la vie était là pour continuer. Ils pensaient plus à faire de l'argent qu'à se chicaner ou à mourir. Ils allaient bien ensemble et ils se disaient que de toutes façons, ils n'allaient pas mourir. J'avais beau leur dire que c'était important, ils ne voulaient pas en parler. À force d'insister, la seule chose qu'ils ont fini par accepter, ça été de se prendre de l'assurance-vie. »

Préoccupés par leurs activités journalières, Gérard et Vianney évitaient instinctivement d'aborder un sujet susceptible de causer des frictions. Ils préféraient parler de projets constructifs pour l'expansion de leur entreprise et laisser de côté les discussions ayant trait aux conséquences d'une mort subite, laquelle restait du domaine de l'imprévisible.

Un second élément de réponse se retrouve dans les propos tenus par Michel Gilbert au sujet de ce projet de convention qu'il avait lui-même préparé : « Je me souviens que de temps en temps on en parlait. La préoccupation de ton père, c'était l'intégration des membres de sa famille et ce projet-là enlevait ce rêve-là. Il ne me l'a jamais confié, mais ça se traduisait dans les faits, qu'il rêvait, à un moment donné, que tous les membres de la famille soient impliqués dans cette entreprise-là. C'est donc l'explication pour laquelle cette fameuse convention n'a pas été signée. »

Maurice Leblond, ex-président de Barvi et témoin proche de l'association des deux hommes, se rappelle aussi les nombreuses tergiversations qui ont accompagné ce projet de signature d'une convention. Son témoignage concorde avec celui de Michel Gilbert : « Gérard, ses enfants poussaient. C'était pas à son avantage de signer ça. Vianney non plus ! » Les deux hommes caressaient plutôt le rêve d'intégrer en temps et lieu à leur entreprise leurs enfants, du moins ceux et celles d'entre eux qui auraient manifesté le désir d'en faire partie.

Un troisième élément de réponse se trouve dans la question suivante : ce fameux projet de convention pouvait-il être complet ? Un commentaire de Maurice Leblond aide à y voir d'un peu plus près : « Si ça avait été dans leur intérêt, les deux gars étaient assez brillants, ils l'auraient signée, cette convention, tu peux en être sûr. »

Il faut se rappeler que la mission de l'entreprise Barvi à Fabreville, propriété exclusive de Vianney Barrette, était de remanufacturer et de vendre tous les produits fabriqués par Barrette & Saucier. Or, dans l'hypothèse où le projet de convention aurait été rédigé et prêt à être signé, il s'y serait nécessairement trouvé quelques précisions relativement à la question vitale de l'approvisionnement de l'usine de Barvi, si Vianney Barrette venait à mourir avant Gérard Saucier. Mais il n'en était rien, comme le confirme d'ailleurs l'avocat Michel Gilbert, précisant qu'il s'agissait d'un projet assorti de clauses dites usuelles.

Dans l'éventualité du décès de Gérard Saucier avant celui de Vianney Barrette, le problème de l'approvisionnement ne se posait pas. Ce dernier aurait pu se porter acquéreur des actions détenues par la succession Saucier dans Barrette & Saucier et continuer d'alimenter son usine de Fabreville. Le projet de convention était par conséquent incomplet.

De la négligence ?

Vu l'importance d'un tel document, peut-on parler de négligence de la part des deux hommes d'affaires ? Sinon, on peut se demander à qui incombait la responsabilité de leur expliquer l'intérêt, voire la nécessité d'aboutir à une entente. Mieux encore, n'avait-on pas l'obligation de leur présenter un projet assorti de clauses susceptibles de leur convenir ?

N'est-il pas possible de supposer que si un projet de convention complet avait été présenté à Gérard et Vianney, ces derniers n'auraient pas tenté d'éviter le sujet, comme le mentionne plus haut André Hénault ? N'en auraient-ils pas plutôt discuté ? Ne seraient-ils pas arrivés à déterminer entre eux la juste valeur marchande de leur entreprise ? Mieux encore, n'auraient-ils trouvé le moyen de solutionner l'épineux problème que représentait l'intégration dans l'entreprise des membres de la famille du partenaire décédé, ceux et celles qui désiraient y travailler ?

La mort peut toujours attendre...

Personne ne pourra jamais affirmer avec certitude que dans l'hypothèse où un projet plus détaillé et plus complet leur aurait été présenté, les deux hommes auraient su faire la part des choses, comme ils parvenaient toujours à la faire. On peut comprendre aujourd'hui la complexité d'une telle entente et les enjeux ambivalents qu'elle impliquait. On peut invoquer plusieurs raisons, mais par-dessus tout, il y avait la mort. Celle-là, on arrive toujours à se convaincre qu'elle peut attendre, et qu'il n'y a pas de presse.

Ceci est encore plus vrai quand deux hommes sont bâtis d'acier, comme le sont souvent les entrepreneurs. Or nul besoin de préciser que Gérard et Vianney débordaient de dynamisme et de vitalité. Ils faisaient leur cette idée que pour réaliser de grandes choses, il faut vivre comme si l'on ne devait jamais mourir.

Pourquoi prétendre avoir signé une convention ?

On peut imaginer combien il a dû être pénible pour un homme fier et orgueilleux comme Gérard Saucier d'être pris en défaut face à la communauté des affaires. Il ne pouvait avouer l'erreur qui, avec le décès de son partenaire, devenait sienne. Il ne pouvait admettre que son statut d'actionnaire n'ait été soigneusement planifié. Coincé, il ne lui restait plus qu'à prétendre avoir signé une entente ; cela constituait sa seule sortie face au monde des affaires, à sa propre famille, mais aussi à la succession Barrette avec laquelle il allait bientôt devoir négocier.

Mais cette fois, le stratège avait perdu ses moyens ; ça ne fonctionnait plus. Lorsqu'il a dit à Yves Barrette, le fils aîné de Vianney, qu'une entente écrite avait été signée entre son père et lui-même, Yves lui aurait simplement répondu : « Monsieur Saucier, montrez-la-moi cette entente », raconte-t-il aujourd'hui. Gérard ne l'avait pas. Il ne lui restait qu'à négocier l'achat des actions que la succession Barrette détenait dans Barrette et Saucier ltée.

Qui doit acheter ?

Gérard Saucier s'était donné corps et âme à son entreprise. Toute sa vie passée en forêt depuis son adolescence y était viscéralement rattachée. Il tenait à conserver le leadership de l'usine et il lui semblait aller de soi qu'il reste le maître d'œuvre de la continuité. D'autant plus qu'il avait toujours vécu sur place, en Abitibi, où il était chez lui.

Et comme le raconte aujourd'hui Guylaine qui travaillait à Comtois en 1973 à titre de contrôleur, cette logique des choses était partagée par madame Barrette, la veuve de Vianney : « Je pense que madame Barrette savait que c'était le désir de son mari que les choses se fassent comme ça, c'est-à-dire qu'au décès de l'un, ce soit l'autre qui achète. Pour elle, c'était normal que ça se fasse comme ça.

Et Guylaine poursuit : « Tout de suite après le décès de monsieur Barrette, madame Barrette avait dit à papa qu'elle voulait régler le dossier rapidement, d'autant plus que papa lui avait dit que contrat ou pas, il voulait acheter les actions, alors qu'eux n'avaient aucune obligation de vendre. »

Son empressement a sûrement été perçu par la succession de monsieur Barrette comme un bon levier de négociation. Au tout début, la famille Barrette n'a pas écarté, semble-t-il, la possibilité d'acquérir les actions de la famille Saucier. Était-ce pour des fins stratégiques ? Quoi qu'il en soit, les Barrette ont finalement décidé qu'il était dans leur intérêt d'accéder au souhait de Gérard.

Il semblait tout à fait évident à Guylaine que la continuité soit assurée par son père, d'autant plus que « même du temps où Vianney Barrette vivait, à l'usine et en forêt, c'est papa qui prenait les décisions comme s'il avait été tout seul. Monsieur Barrette était généralement à Montréal. C'était papa qui menait. Même s'il y avait d'un côté le clan Saucier, puis le clan Barrette, tout le monde finalement se rangeait ».

Selon Lucien Cliche, il était également clair que Gérard devait acheter la succession Barrette : « C'est Gérard en réalité qui a accepté Vianney Barrette comme partenaire. C'est lui qui était l'âme de l'affaire, qui produisait le bois et qui possédait la marchandise. »

De longues et pénibles négociations

Il y a donc, à la fin de 1973 et pendant 1974, des négociations qui, dans les circonstances, se révèlent longues et difficiles, voire pénibles, et ce pour les deux parties en cause. En homme fier et indépendant, Gérard Saucier veut être libre de prendre ses décisions. Il ne peut ni ne veut vivre avec la succession. Aussi pousse-t-il autant qu'il le peut pour en finir le plus vite possible avec cette question.

Ceux qui ont eu l'occasion de côtoyer Gérard Saucier à cette époque se souviennent d'un homme nerveux, anxieux, préoccupé et pressé d'en finir avec ce dossier qui traînait. De façon générale, Gérard était un négociateur patient qui avait l'habileté de protéger son pouvoir de négociation. Or, dans cette négociation avec le groupe Barrette, son empressement et son émotivité le desservaient.

Michel Gilbert raconte : « Monsieur Saucier y tenait mordicus à l'achat des actions de Barrette. Il se sentait très mal. Il était nerveux. Il ne pouvait pas envisager que ça ne se fasse pas. C'est un des rares moments de tension que j'ai vu chez lui. D'habitude, il considérait les problèmes avec détachement et les analysait froidement, ce qui donne la qualité des décisions qui sont prises. Alors que dans cette situation, il n'y avait pas de détachement, ça le prenait vraiment au cœur. Il était hors de question qu'il devienne associé à une succession. C'était clair, net et précis : il fallait négocier pour que ça se produise. »

Guylaine se souvient que son père était incapable de prendre le recul dont il aurait eu besoin. Il n'était plus du tout le négociateur qu'elle avait connu, il semblait toujours inquiet et préoccupé.

Elle se rappelle combien cette période fut difficile pour son père : « Entre le début et la fin des négociations, papa a vieilli de près de dix ans. Ça l'a beaucoup épuisé. » Et d'un ton plus grave, elle poursuit : « Je pense que papa, ce qui l'a beaucoup touché, c'est qu'il s'est rendu compte à ce moment-là que le partage des profits entre Barvi et Barrette & Saucier n'avait pas été aussi équitable qu'on le lui avait dit de 1966 à 1973. Ça l'a beaucoup affecté. Ça, il m'en a parlé une fois. »

Le compromis nécessaire

Le 31 octobre 1974, la convention de vente d'actions est enfin signée entre Les Entreprises Gérard Saucier ltée et Les Entreprises Barrette ltée. Les actions du groupe Barrette sont rachetées en totalité par la famille Saucier.

Outre le prix payé pour les actions s'ajoute à cette entente une importante convention d'approvisionnement en faveur de Barvi ltée. Ce contrat d'approvisionnement est tel qu'il devait rendre l'entreprise Saucier vulnérable dans les années suivantes.

Pour l'avocat Michel Gilbert : « Monsieur Saucier a fait des concessions au niveau de la convention d'approvisionnement qui étaient sûrement dictées par le fait que c'était joint à l'acquisition des actions. »

Le choix d'un associé

Malgré cet épisode éprouvant de la vie de Gérard Saucier, un fait demeure : son association avec Vianney Barrette l'aura aidé à exploiter toutes les connaissances et le savoir-faire qu'il avait accumulés au cours des années. Elle lui aura servi de tremplin pour réussir sur le plan financier. Non pas qu'il eût échoué avec quelqu'un d'autre, tant s'en faut, mais comme le rapporte aujourd'hui Maurice Leblond : « Il est tombé sur un bon numéro. »

Son choix aura été judicieux. Vianney Barrette fut pour lui un bon partenaire. Et il est permis de croire que les deux hommes seraient demeurés associés longtemps en dépit, ou peut-être en raison même des différences qui les caractérisaient.

La famille : une valeur fondamentale

Lucien Cliche résume en ces termes le souvenir qu'il garde de ces moments importants dans la vie de son ami Gérard Saucier : « Je suis d'avis que Gérard a peut-être chèrement payé la participation détenue par la succession Barrette. Je suis sûr qu'il a été très large dans le règlement de l'affaire. Il pensait à lui, mais il pensait aussi à sa famille. »

Lors de cette négociation, Gérard Saucier a en quelque sorte transmis un message à ses enfants quant à l'importance qu'il accordait à la cellule familiale. Guylaine reconnaît que son père avait très coûteusement acquis ces actions : « C'était pour lui le prix à payer pour avoir la paix. » Cela est sans aucun doute vrai, mais c'était aussi et surtout le prix à payer pour conserver indemne l'entité commerciale qu'il avait cédée à ses enfants, à sa famille.

Une régie des copeaux

En 1974, la fameuse question des copeaux, toujours essentielle dans l'industrie forestière, occupe le devant de la scène. Les papetières constituaient depuis toujours un groupe de pression avec lequel les entrepreneurs n'ont jamais eu la vie facile.

D'après Guylaine Saucier, « le problème c'était avant tout le prix de vente plutôt que celui de la quantité. Il n'y avait à toutes fins pratiques pas de négociation possible. Le contrat des copeaux arrivait par la poste avec un prix déjà fixé. Le seul choix de l'entrepreneur était de signer ou de ne pas signer. À l'époque, le prix était d'environ 20 $ la tonne. »

Il est en conséquence proposé par un groupe d'entrepreneurs de créer une régie des copeaux pour en réglementer le commerce, plus précisément pour fixer un prix qui leur conviendrait. Lucien Cliche se souvient d'autant mieux de cet épisode que, pour la première fois de sa vie, il s'est retrouvé en net désaccord avec son vieil ami Gérard. Ce dernier est tout à fait opposé à la mise sur pied d'une telle régie. Autonome par tempérament et indépendant par tradition, Gérard ne peut supporter l'intervention du gouvernement dans la libre circulation des biens. Pour lui, la mise en marché appartient à l'entreprise.

Lucien Cliche parle de ce désaccord comme d'une petite brouille. Reconnu comme spécialiste du domaine, il avait été mandaté comme avocat par l'Association des manufacturiers de bois de sciage du Québec (AMBSQ). Le problème pouvait se résumer par la question suivante : le gouvernement doit-il obliger les papetières à acheter les copeaux produits par les scieries ? Pour Gérard Saucier, la réponse est non, alors que l'opinion de la majorité des producteurs de bois de sciage acquiesce à cette intervention.

Le fait que l'entreprise privée demande elle-même d'être subordonnée à un groupe presque gouvernemental n'a pour Gérard Saucier aucun sens. Il croit fermement qu'il faut laisser aux forces du marché le soin d'établir le prix des copeaux et éviter de mettre en place un mécanisme d'intervention qui, en fin de compte, ne ferait que résoudre à court terme les problèmes de certains producteurs. L'affrontement est assez dur entre ces derniers. Gérard Saucier fait valoir son point de vue avec vigueur ; une fois de plus, il fait preuve de leadership.

Lucien Cliche est consulté ; on lui demande même de trancher la question. Il le fait en faveur de l'intervention gouvernementale, pour la création d'une régie qui puisse forcer les papetières à prendre un minimum de copeaux. La régie doit aussi fixer les prix. Lucien Cliche juge que l'industrie des scieries a besoin d'un mécanisme quelconque à ce moment-là. Ce débat devait ainsi opposer les deux amis, qui, par la suite, ne se verront pas pendant quelque temps. En fin de compte, il n'y aura pas de régie. Et en 1975, le marché s'est raffermi, le prix des copeaux ayant presque doublé.

Cet incident contribue à sa façon à mieux faire connaître l'homme. On peut affirmer que sa réussite ne lui est jamais montée à la tête. Mais on constate que ses succès ont progressivement développé chez lui une grande confiance : il est devenu conscient de son ascendant moral et de son pouvoir. Dès qu'il veut quelque chose, il fait tout pour l'obtenir et il ne change pas facilement d'idée.

Dans les réunions de l'AMBSQ, quand il intervient pour défendre son point de vue sur les problèmes de la région, il le fait avec autorité. Il a les traits de l'homme qui s'est bâti lui-même. Fier et autonome, il accepte mal les situations de dépendance, qu'il s'agisse du gouvernement, des syndicats ou même d'un pilote d'avion à son service.

L'intégration verticale des opérations

Dès que Gérard Saucier est propriétaire à 100 % de Barrette & Saucier ltée, et en raison du contrat d'approvisionnement qui lie l'entreprise à Barvi ltée, il se doit de procéder à l'intégration verticale des opérations à Comtois, notamment en y faisant successivement l'acquisition d'une usine de rabotage et d'un séchoir.

Cette décision prise en 1974 est tout à fait logique. D'autant plus qu'un programme de développement de l'industrie du bois de sciage préparé par le groupe d'ingénieurs-conseils Blais et McNeil doit faire la démonstration, l'année suivante, que l'une des caractéristiques de cette industrie du Nord-Ouest québécois est précisément la transformation incomplète de la ressource forestière. De plus, l'étude précise que la ressource forestière, dans cette même région, est l'industrie qui engendre le plus d'activités manufacturières : la région regroupe alors plusieurs industries de sciage et de pâtes et papiers.

Les résultats financiers

Au cours de la période couvrant les exercices financiers du 1er septembre 1969 au 31 août 1975, Barrette & Saucier ltée a progressé à un rythme fulgurant. En six ans, les ventes ont connu une croissance annuelle composée (c.a.c.) de 32,7 % passant de 2,9 à 15,8 millions de dollars. L'actif total est passé de 2,5 à 10,3 millions de dollars au cours de la même période (c.a.c. de 26,6 %) alors que l'avoir des actionnaires atteint 6,2 millions de dollars en 1975.

L'endettement à long terme quant à lui fluctuait de 429 400 $ en 1969 à zéro, de 1972 à 1974, pour s'établir à 600 000 $ en 1975, emprunt relié à l'acquisition d'immobilisations totalisant la somme de 2,7 millions de dollars.

La masse salariale versée aux employés au cours de cette période s'établit à 12,9 millions, dont 2,9 millions sous forme de « bonus à la production ». Le nombre d'employés qui était de 107 au début est maintenant de 410.

Barrette & Saucier ltée
Résultats financiers (1969-1975)

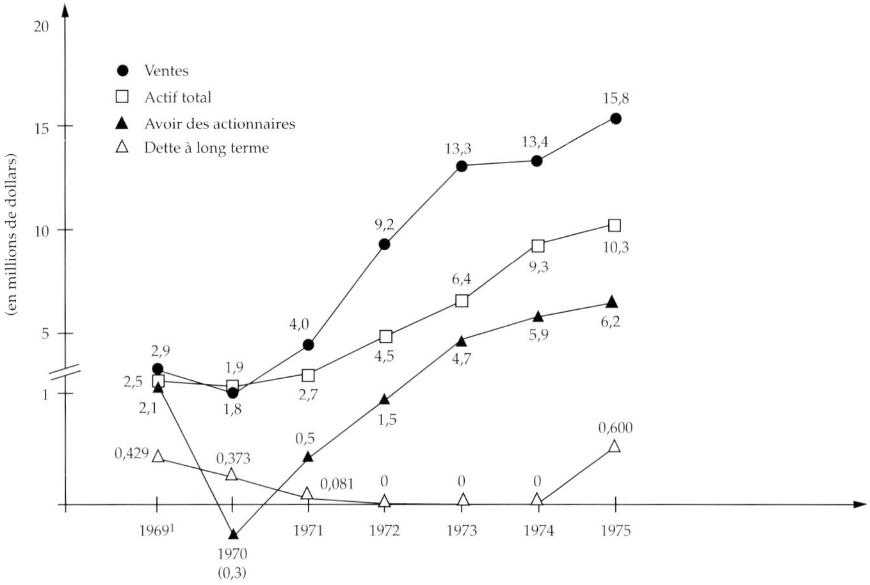

1. Barrette & Saucier enr.

Source : États financiers vérifiés – Raymond, Chabot, Martin, Paré & Associés, C.A.

Quant à la production de bois d'œuvre, de 42 millions de p.m.p. qu'elle était en 1969, elle est passée à 126 millions de p.m.p. en 1975 (c.a.c. de 20 %).

Une philosophie de gestion

Gérard Saucier était ambitieux et acceptait de prendre des risques, mais toujours des risques calculés. À court terme, sa gestion financière était telle que les fonds autogénérés suffisaient à la plupart des activités. Les investissements se faisaient de façon harmonieuse, sans avoir beaucoup besoin des banques. « Gérard, déclare Wilfrid Marquis, n'était pas un gars pour s'endetter. Y achetait rien qu'y soit pas capable de payer. »

C'était sa manière à lui de travailler. Le rythme d'expansion de son entreprise allait en fonction des bénéfices qu'elle engendrait, sans plus. En contrepartie, il limitait son risque financier et, surtout, il n'avait pas de compte à rendre à son banquier. Cette flexibilité et cette liberté d'action, il y tenait plus que tout !

S'agissant de cette façon de faire, il faut remettre les choses en perspective. La société du moment n'avait pas les habitudes de consommation et de crédit d'aujourd'hui. « C'était la façon de procéder de l'époque. Tu allais à la banque pour combler des besoins à court terme, le fonds de roulement. Pour le long terme, tu fonctionnais à la limite de tes capacités », raconte Marcel Côté.

À cet égard, la conduite de Gérard Saucier n'a donc rien d'exceptionnel. Pourtant lorsqu'on observe aujourd'hui les entreprises qui ont survécu aux récessions, on ne peut s'empêcher de poser la question : n'est-il pas plus prudent et plus sage de gérer l'expansion de son entreprise en limitant l'endettement à des niveaux plus raisonnables ?

Au milieu des années 1970, il est facile à tout observateur de constater la réussite financière de l'entreprise dirigée par Gérard Saucier. C'est bien connu : l'entreprise est prospère et florissante.

À propos de Gérard Saucier et de son associé, Robert L'Abbé a les mots suivants : « Ça a été heureux que ces deux individus-là n'ont pas fait comme bien d'autres faisaient, qui s'attachaient à l'argent ou le gardaient. L'opération, c'était de ne pas rendre l'entreprise vulnérable financièrement. C'était de la rendre saine, avec de bonnes réserves. Y avait pratiquement pas d'emprunt bancaire. Ils ne pensaient pas seulement à se mettre de l'argent dans les poches. Ils s'en sont mis, oui, mais ils réinvestissaient la presque totalité des profits dans l'entreprise. »

Une structure administrative légère

En 1975, à la tête d'une entreprise dont le chiffre d'affaires s'approche des 16 millions de dollars (47 millions en dollars 1995), où travaillent plus de 400 employés, la structure administrative plutôt restreinte reflète bien le type d'entrepreneur qu'est devenu Gérard Saucier, homme d'action et de terrain avant tout. Il y a d'abord lui-même, omniprésent, puis son directeur général, Vianney Allard et sa fille Guylaine, au poste de contrôleur. Jean-Paul Saucier dirige les opérations forestières et Roland Plante s'occupe de l'usine de sciage.

Le domaine Waswanipi

À la fin de l'automne 1974, Gérard Saucier fait l'acquisition, au lac Waswanipi, dans le territoire cri, d'une parcelle de terrain de 11,22 acres appelée *Woswonoby Post*.

« Waswanipi » : outre un lac, une réserve indienne et des collines, le mot désigne un arrêt et une rivière. La longue rivière Waswanipi prend sa source dans la région de Chibougamau et traverse le lac du même nom pour se jeter dans le lac Matagami. La région abrite l'une des neuf communautés cries du Québec. L'appellation d'origine algonquine signifie *lac où l'on pêche au flambeau.* C'est que, d'après le père Guinard, les Amérindiens pêchaient souvent la nuit avec des torches de cèdre et de bouleau. Au XIXe siècle, un poste de traite fut établi au bord du lac dans la baie du sud-ouest par la Compagnie de la baie d'Hudson. Vers 1852, une mission est fondée à l'embouchure de la rivière O'Sullivan.

La région est une de celles du Québec où la population crie est la plus importante, soit près de 3 200 personnes. Gérard Saucier a souvent fait affaire avec eux. Il discute et négocie très naturellement. Il en a aussi employé en forêt. Le chef cri de la réserve de Waswanipi, Peter Gull, a dit un jour à Guylaine Saucier : « *Your father is the only one who treated our people well.* » (Votre père est la seule personne qui nous ait tous bien traités.)

Gérard a acheté son terrain, à Waswanipi, de *Central Trucks Line Ltd.* Le premier propriétaire en avait été *The Governor and Company of Adventurers of England Trading into Hudson's Bay,* aussi connu sous le nom de *Hudson's Bay Company.* Il y a sur ce terrain un camp de pêche aménagé sur une île qui sépare le lac Waswanipi de la rivière du même nom.

Pourquoi faire l'acquisition de ce domaine très convoité ? D'abord le « lac où l'on pêche au flambeau » est un endroit de rêve pour la chasse et la pêche. Mais c'est aussi la belle et grande nature dans toute sa majesté : un lieu de repos par excellence, où règnent le silence et le calme de la forêt, et qui ne se trouve qu'à trente minutes, à vol d'oiseau, du complexe de sciage de Comtois.

C'est aussi que Gérard Saucier trouve important de récompenser ses employés. Avec ce camp de pêche, il peut leur offrir des fins de semaine de repos. Tous se rappellent encore aujourd'hui avec ravissement les séjours qui leur étaient offerts dès qu'ils donnaient des signes de fatigue. C'était la façon de Gérard d'entretenir avec son personnel l'esprit d'équipe, ce sentiment d'appartenance à une grande famille. « Toi, t'as l'air fatigué. Va donc passer quelques jours à Waswanipi ! »

Un dernier hydravion

En même temps que le domaine de Waswanipi, Gérard Saucier fait l'acquisition d'un nouvel hydravion, un Cessna 185 CF-ZNN, *Charlie Foxtrot Zulu November November*. Cela fait partie de l'ensemble. Et c'est à bord de cet hydravion qu'il va désormais se déplacer de Comtois à Val-d'Or aussi bien qu'à Waswanipi.

Lionel Roy, un bon ami de Gérard, se souvient d'une invitation au camp de Waswanipi à la fin de l'été 1975 : « Je me rappellerai toujours. Gérard nous avait invités, ma femme et mes enfants, à son camp de pêche. Y nous avait conduits à partir de Val-d'Or. C'était un samedi matin. Le pauvre Gérard ! En arrivant, lui, y s'assoyait pas sur une chaise, y tombait sur une chaise, pis y s'endormait. J'lui ai dit que j'avais pas de conseils à lui donner, mais qu'y me semblait qu'y devrait pas piloter, qu'y était trop fatigué. Y a répondu que ça l'relaxait. »

Le dernier anniversaire

Le 19 juillet 1975, on donne, à l'usine de Comtois, une petite fête en l'honneur de l'anniversaire de Gérard : il a cinquante-neuf ans. Pour la circonstance, Pierre a fait concevoir un drapeau avec le nouveau logo de l'entreprise dont tout le monde est très fier à Comtois. Même les employés se reconnaissent au « vert Saucier » devenu en quelque sorte une couleur de ralliement pour les travailleurs de l'usine. Comme le dit Ghislain Gauthier : « Dans le temps, on voyait le sigle de Saucier. Tu étais fier, arrivé en ville, de porter les couleurs de Saucier. » Pierre suggère aussi à son père de hisser le drapeau au-dessus du camp de Waswanipi, un élément additionnel qui indique la direction du vent pour l'arrivée en avion.

L'été qui s'achève En août, avant la rentrée universitaire, Pierre réalise un projet de voyage en avion avec son frère Richard et son copain Bernard. À bord du Cessna 172 immatriculé C-GACF, *Charlie Golf Alpha Charlie Foxtrot*, que Gérard Saucier a acheté à ses enfants, ils doivent partir de Val-d'Or pour aller jusqu'à Vancouver.

Gérard est heureux de voir ses fils entreprendre une telle aventure en avion. Une restriction cependant : il leur demande de louer une voiture à Calgary pour traverser les Rocheuses. Or, le rêve de Pierre, c'est précisément de les survoler… Ce qu'il fait. Quand il communique avec son père, il les a déjà franchies et admirées du haut des airs. Il est bel et bien arrivé sur l'île de Vancouver, à Victoria, heureux de son exploit.

Au moment de son départ, le 10 août, Pierre a à son actif 456 heures de vol. Avec une certaine fierté, il déclare à son père : « Cette distance va m'aider à franchir le cap des 500 heures avant que tu arrives toi-même à tes 1000 heures ! » À son retour, le 25 août, son père est tout ravi de lui annoncer que lui, il les a enfin, ses 1000 heures ! Il a gagné la course en profitant de l'absence de Pierre pour accumuler des heures de vol avec CF-ZNN !

Un rêve bizarre Le 29 août 1975, Pierre accompagne son père à bord du Cessna 185 CF-ZNN. Ils quittent l'usine de Comtois pour Val-d'Or et « taxient » sur la rivière Bell pour prendre position avant le décollage. Son père lui raconte alors qu'il a rêvé à Vianney Barrette la nuit précédente. D'un air amusé, il dit : « On était tous les deux au ciel en train de jouer aux cartes. » Et en évoquant la crise cardiaque de son ancien associé, il ajoute : « Si je devais partir un jour, j'aimerais que ça se fasse vite ! »

Ces paroles étonnent Pierre, car son père ne parle jamais ainsi de lui-même et de ses états d'âme. Il perçoit dans ses propos une certaine nostalgie et même de la tendresse pour son ancien associé. Il réalise combien son père a toujours éprouvé de

L'été qui s'achève, un dernier hydravion : CF-ZNN

Son casque de chantier blanc presque en permanence sur la tête, Gérard fait le plein d'essence de son hydravion CF-ZNN.

Gérard et Yvette à Comtois : le dernier anniversaire.

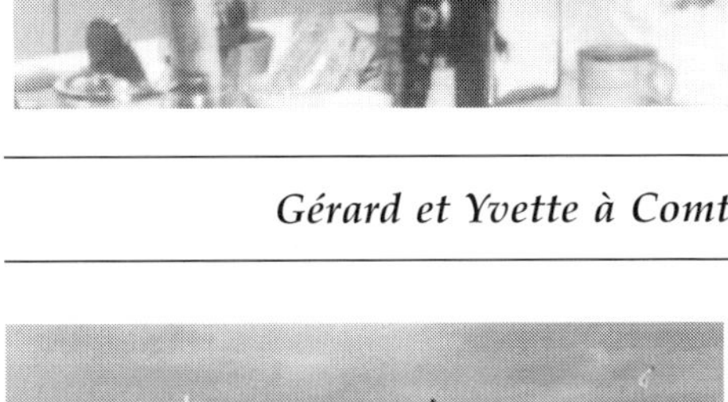

Le domaine Waswanipi.

Le logo de l'entreprise.

l'affection pour Vianney, combien ce dernier lui manque malgré le succès de son entreprise et malgré les pénibles négociations qui ont suivi son décès.

Une journée comme les autres

L'été s'achève, c'est la fin des vacances. La maison de Val-d'Or est en pleine effervescence. Les étudiants se préparent à partir, chacun de son côté, Sylvie et Richard à Montréal, Pierre à London, en Ontario. Jean demeure toujours à la maison, alors que Guylaine, qui travaille chez Barrette & Saucier, fait la navette entre Val-d'Or et Montréal toutes les fins de semaine. Céline habite près de Québec.

À la fin de cette année 1975, l'industrie du bois de sciage est encore prospère. Mais la rumeur d'une grève chez Domtar commence à se faire entendre, et à l'usine de Comtois, les copeaux s'accumulent dans la cour.

Comme tous les jours, le jeudi 4 septembre, Gérard Saucier se lève de bonne heure. Le temps de faire sa tournée et de vaquer aux occupations habituelles avant de partir pour Val-d'Or en fin d'après-midi et pour Montréal en soirée. Au programme, il y a le rendez-vous pour les copeaux chez Kruger Pulp and Paper le lundi suivant, après une réception intime pour le trentième anniversaire de mariage en fin de semaine. C'est à peine s'il a le temps d'évoquer quelques souvenirs de ces années-là. Le plus important est sans doute encore à venir. Les projets.

Ce 4 septembre, en somme, est une journée comme les autres. On aime croire qu'on est maître des événements. Tout se passe toujours comme si…

Il y aura le décollage de l'hydravion vers quatre heures quarante-cinq. Qu'est-ce donc que ce simple vent de travers qui, en quelques secondes, viendra tout anéantir à jamais ? Quand il y aurait encore tant à dire et tant à faire… La boucle, tout d'un coup, sera irrémédiablement bouclée.

Novembre, novembre... *Charlie Foxtrot Zulu November November,* le Cessna au nom prédestiné, s'est renversé dans les eaux noires et boueuses de la rivière Bell.

À Val-d'Or, les manchettes des journaux le confirment à pleine page: « Gérard Saucier meurt dans un tragique accident à l'âge de cinquante-neuf ans, laissant dans le deuil sa famille, ses employés et toute une région de l'Abitibi. »

Un drame absurde. Les vrais drames, après tout, ceux du quotidien, ont souvent cette grandeur-là. On est toujours impuissant à trouver les mots qu'il faut dans ces circonstances. À Comtois, à Lebel-sur-Quévillon et à Val-d'Or, le bon sens ou le fatalisme populaire s'exprime dans une phrase laconique: « Il est mort là où il a toujours vécu. » Mort au champ d'honneur. Dans un quotidien tout à fait banal.

À l'ombre des pins, dans le cimetière de la 3e Avenue, à Val-d'Or, sur une pierre grise, une épitaphe sobre résume sa vie:

Son souvenir ne périra pas
Et son nom sera légué à ses enfants
Comme un bel héritage d'honneur

Yvette, les enfants, tous ont été saisis, figés dans un instant, par une fatalité qui allait changer le cours de leur vie. Son vieux père Péa, qui, avec lui, a « marché la vie » comme il a « marché le bois », est bien éprouvé: après Edgard, c'est aujourd'hui Gérard, puis ce sera Zoël l'année suivante, Jean-Ménard et Marie-Reine plus tard. Tous morts jeunes! Le plus âgé d'entre eux avait soixante ans. Péa Saucier vivra jusqu'à quatre-vingt-onze ans, après avoir enterré cinq de ses enfants.

Par un bel après-midi d'automne 1992, de son coin de terre de Kamouraska, c'est avec les larmes aux yeux et la voix étouffée que François Chénard, vieux compagnon de route et ami de toujours, se remémore la tragédie. Il murmure encore, comme s'il pouvait contrer le sort: « Son frère Jean-Paul y disait souvent: T'as trop d'quoi dans tête pour runner ça, c't'avion-là... »

Gérard Saucier…

… et Yvette Thiffault en 1973.

3

TROISIÈME PARTIE

Le Groupe Saucier ltée

CHAPITRE

12

Le choc de la succession

Former un conseil d'administration

Mercredi 10 septembre 1975, neuf heures, motel *L'Escale,* Val-d'Or. Ce matin-là, encore accablés de chagrin, les jeunes actionnaires sont réunis autour d'une table dans un salon particulier. Du jour au lendemain, les voilà en face de leur responsabilité de « propriétaires », titre que leur père leur conférait en 1969. Il faut alors former un nouveau conseil d'administration. Le plus jeune est mineur ; à douze ans, il ne peut légalement siéger au conseil qui sera formé de cinq enfants de la famille, dont la moyenne d'âge n'est que de vingt-quatre ans.

Dans l'urgence de la situation, il faut nommer quelqu'un à la présidence de l'entreprise et du conseil d'administration : les jeunes actionnaires élisent leur sœur aînée, Guylaine, qui est comptable et travaille au sein de l'entreprise depuis quatre ans. En choisissant une « Saucier », les actionnaires répondent au sentiment d'appartenance des employés. Plus qu'à une entité commerciale, ceux-ci se sont toujours identifiés à un homme, Gérard Saucier lui-même et, par extension, à sa famille.

Dans un monde encore traditionnellement réservé aux hommes, le choix d'une femme à des postes de cette importance ne va pas de soi, ni pour les actionnaires, ni pour madame Saucier mère, ni même pour les banquiers ou pour la communauté des affaires. C'est aussi un rôle lourd pour une jeune femme menue et délicate, âgée d'à peine vingt-neuf ans. En 1986, dans un entretien avec un journaliste, Guylaine commentera sa nomination d'alors : « On aurait pu aller chercher quelqu'un de l'extérieur pour diriger l'entreprise, mais la famille a décidé que je pouvais faire le travail. »

Céline Saucier se remémore les événements d'alors de la façon suivante : « Je ne me souviens pas d'avoir consciemment fait pareil choix. On n'avait pas d'alternative. Guylaine était la plus vieille. Elle était comptable. Je ne sais pas jusqu'à quel point j'ai perçu sa nomination comme provisoire ou permanente. Au lendemain du décès, à *l'Escale*, on était pris là. Puis ensuite au fil du temps elle a pris sa place. Ça n'a pas été un choix. Ça s'est imposé à nous. »

Elle ajoute : « Ce n'était pas à la mode d'aller chercher quelqu'un de l'extérieur. C'était plutôt à la mode du jour qu'on essaie de se débrouiller en famille. On avait un potentiel prévisible. Nous étions pourvus de titres universitaires. Nous connaissions la région et l'entreprise. Nous étions bien jeunes. Nous n'étions pas suffisamment qualifiés, mais nous étions peut-être suffisamment motivés. »

Un premier défi

L'année 1974 avait été marquée par une première crise du pétrole avec des effets de dominos sur le prix des ressources et des matières premières. L'inflation, la hausse des taux d'intérêt et donc ceux des hypothèques ont fait diminuer le nombre de mises en chantier : la demande de bois d'œuvre a chuté de 50 %.

Ces derniers jours de septembre 1975, c'est le début d'une série de grèves dans les papetières. Vu l'importance qu'ont toujours représentée les copeaux pour Barrette & Saucier, les débouchés et les livraisons sont bloqués. Et Domtar, unique acheteur des copeaux de l'usine de Comtois, restera fermée jusqu'au 3 mars 1976, d'où l'accumulation de 100 000 tonnes de ce produit en inventaire. Pour Guylaine, c'est un premier défi : « À 40,00 $ la tonne, tu apprends vite à calculer. »

C'est une vague de fond. La grève gagne d'autres usines de pâtes et papiers du Québec. Comme des terrils autour des mines, les industries du sciage voient leurs stocks de copeaux s'amonceler en véritables collines sur les aires d'exploitation. Cette double crise entraîne la faillite d'un certain nombre de scieries et plusieurs usines de sciage doivent fermer leurs portes.

Plus que jamais, on mesure alors, à l'usine de Comtois, le danger de dépendance vis-à-vis d'un si gros client. Les relations avaient toujours été bonnes avec Domtar. Mais à condition de ne jamais remettre en cause les exigences de la compagnie qui toujours dictait ses propres termes. Telle était la coutume pour les usines de sciage. Guylaine se souvient que du temps de son père, c'est par la poste que le contrat de fourniture de copeaux arrivait, sans autre choix que signer ou non. Ce qui n'empêchait pas, par ailleurs, le représentant de la papetière de partager certains loisirs avec son père et d'entretenir avec lui des relations personnelles des plus amicales.

Une entrée remarquée

En mars 1976, à la fin de la grève à la Domtar, Guylaine se retrouve avec 100 000 tonnes de copeaux en inventaire. Elle tente alors une ouverture du côté de Kruger Pulp and Paper, auprès de l'ingénieur forestier Henri (Jeff) Geoffrion. Elle fait une offre de vente de 150 000 tonnes, à raison de 50 000 tonnes par année, pendant trois ans, ce qui ne fait pas l'affaire de monsieur Kruger. Guylaine revient à la charge en offrant 150 000 tonnes pendant une période de trois ans sans quota annuel et le marché est conclu : ce que Kruger recherchait, c'était la flexibilité. Guylaine raconte : « Ce qu'il me fallait, c'était le contrat de 150 000 tonnes. Je pouvais donc aller à la banque et dire : "Je l'ai mon contrat." De plus, ça me rendait plus forte vis-à-vis de Domtar.

Il y avait aussi la concurrence : Cossette (Forex inc.), Perron (Normick Perron). Ils voulaient l'avoir eux aussi, ce contrat-là. »

Le soir même, après la signature de ce fameux contrat, elle se rend à une réunion à Québec, convoquée par Michel Duchesneau, sous-ministre de Kevin Drummond. Toutes les scieries avaient des copeaux en inventaire. Guylaine n'a pas oublié : « Je portais une robe rouge ce soir-là. Eh bien, personne ne m'a saluée. Personne ne m'a vue ce jour-là. Tout le monde était en fusil contre moi. Une p'tite fille de vingt-neuf ans, voler le contrat à tout l'monde ! Personne ne m'a dit un mot ! »

À l'occasion d'une autre entrevue en 1980, Guylaine rappellera ses premières impressions : « Au tout début, je dois dire que je n'ai pas trouvé trop difficile d'assumer le rôle de p.-d.g. La première année, on fonctionne sur l'élan qu'a donné le prédécesseur. C'est après que ça se complique, quand on doit y aller de son propre chef. Et là, je dois dire que malheureusement, dans ce sens-là, mon père n'avait pas du tout préparé sa relève et que ça n'a pas toujours été facile. »

Des résultats négatifs

Cette grève à Lebel-sur-Quévillon avait considérablement affecté les résultats financiers de l'entreprise. L'exercice se terminait le 31 août 1976 avec une perte nette de 556 000 $.

Au cours de cette année, outre ces résultats décevants, deux faits devaient retenir l'attention et alimenter les discussions des frères et sœurs Saucier : le projet d'intégration verticale des opérations à Comtois (un investissement initial de plus de 9 millions de dollars) et la venue de Pierre Saucier au sein de l'entreprise familiale.

L'intégration des aînés dans l'entreprise

Selon Sylvie, leur père avait toujours été fort conscient des problèmes qu'allait pouvoir lui causer l'intégration, au sein de son entreprise, de l'aînée des filles et de l'aîné des fils. Comme elle le disait à Pierre : « Je sais que papa était bien soucieux par rapport à toi et à Guylaine. Ça bardait ! Il ne savait pas comment résoudre ça. Il savait ce qu'il allait faire avec Richard. Avec toi aussi. Mais peut-être pas avec toi et Guylaine en même temps. »

À la mort de son père, Pierre achevait son baccalauréat en économie et comptait se joindre à l'entreprise familiale à la fin de l'année scolaire. Ce projet, il en avait déjà parlé avec son père et avec sa sœur Guylaine. En mai 1976, il prend la décision de se rendre à Comtois pour y travailler.

L'arrivée de Pierre à Comtois

Il ne met pas beaucoup de temps à se rendre compte que la présidente ne souhaite guère sa venue dans l'entreprise, du moins pas si tôt après le décès de leur père. Elle semble plutôt vouloir l'éviter. Dans ce climat de conflit potentiel, et pour écarter toute confrontation inutile, elle tente de le convaincre de différer son entrée à Comtois. Elle lui fait valoir les bienfaits d'un séjour à l'extérieur de l'entreprise pour y acquérir de l'expérience. Pierre a vécu ce rejet comme une lutte de pouvoir.

Céline comprend ainsi les événements : « Guylaine ne nous faisait pas assez confiance. Elle ne nous sentait pas assez qualifiés. Il y a dans ça une partie de vrai, mais d'autre part, nous aurions pu être ses meilleurs alliés aussi. Nous représentions pour elle un risque par rapport à quelqu'un que tu engages et que tu peux facilement remercier de ses services. »

Tout en constatant que sa présence n'est pas sans problèmes, Pierre choisit pourtant de rester. En novembre de la même année, Guylaine demande à ses frères et sœurs de prendre une décision relativement à cette situation, affirmant qu'elle va « claquer » s'il reste à Comtois.

Elle leur accorde un délai de quatre semaines pour trancher la question. Ce congédiement constitue pour Pierre une vraie blessure. Il écrit alors à ses frères et sœurs à qui Guylaine avait demandé de prendre une décision sur son avenir à Comtois : « S'il faut commencer à céder face à pareil chantage, l'avenir nous réserve des surprises. »

Lorsque Pierre est arrivé à l'usine, Guylaine jouait déjà son rôle officiel de p.-d.g. depuis huit mois. Elle se sentait encore très vulnérable. Il n'avait aucune intention de prendre sa place. À vingt-deux ans, inexpérimenté, il n'en avait pas la prétention, il était le premier à savoir qu'il n'en avait pas encore la compétence. Ce qu'il voulait tout simplement, c'était faire partie de cette entreprise si intimement liée à son idéal.

La décision de partir

Devant l'insistance de sa sœur et en raison de l'atmosphère qui s'était développée au sein de la famille, Pierre n'avait plus le choix, Guylaine avait gagné. Il annonce en décembre sa décision de partir.

C'est un ami et employé, monsieur Sedlacek (Sedy) qui aide Pierre à trouver du travail à l'extérieur de l'entreprise. Il quitte alors Comtois pour Toronto. Il va prendre de l'expérience dans le domaine de la commercialisation des produits forestiers ; il se dotera de connaissances qu'il ne pouvait d'ailleurs acquérir au sein de l'entreprise familiale, car la vente était alors confiée à Barvi ltée.

Il part, mais avec beaucoup de regret. C'est qu'il se sent en quelque sorte chassé d'une entreprise où il est actionnaire au même titre que les autres. C'est d'abord que cette entreprise-là représentait pour lui une source d'inspiration, de motivation et de fierté. Travailler avec son père, suivre ses traces, c'était son projet d'avenir et son plus cher désir : l'entreprise, c'était sa vie. Tout ce qu'il faisait lui demeurait rattaché.

Un climat de division

Les prises de position de Guylaine et sa manière d'agir en tant que p.-d.g. vont bientôt donner aux frères et sœurs Saucier une indication claire de son style de leadership. Elles vont illustrer la façon dont elle entend assumer son rôle de présidente et d'administratrice. Par son attitude et ses décisions, Guylaine révèle la place qu'elle-même entend prendre au sein de l'entreprise. Aussi celle qu'elle accordera aux autres et plus spécialement aux membres de la famille. Ce comportement ne contribue pas à créer un climat très harmonieux entre frères et sœurs sur le plan des affaires.

Céline se rappelle ces désaccords : « Guylaine avait de la compétition avec nous. Il fallait qu'elle prenne sa place. Il fallait qu'elle prenne toute la place. C'est comme ça que j'ai perçu ça. »

Pour Guylaine, il était plutôt question de bien établir son leadership auprès des employés. Comme elle le raconte aujourd'hui à Pierre : « Les gars se rendaient bien compte que nous n'étions pas sur la même longueur d'onde et ils exploitaient un peu la situation. »

Au cours des mois suivant le décès de son mari, madame Saucier mère est invitée à participer aux délibérations de ses enfants à l'occasion des diverses réunions des actionnaires et administrateurs de l'entreprise. L'animosité des débats l'incite à prendre ses distances et bientôt, on ne la reverra plus aux assemblées.

De son côté, au moment de quitter Comtois, Pierre pense que la façon d'agir de Guylaine à son égard aura des répercussions sur les autres membres-actionnaires de la famille Saucier. Mais en fin de compte, son départ et son exil de quatre ans lui permettront, pense-t-il, de concrétiser un projet auquel il tient beaucoup : poursuivre ses études universitaires et obtenir une maîtrise en administration des affaires, un M.B.A.

Leadership et gestion

En congédiant son frère, Guylaine avait-elle tout à fait conscience de la portée de son geste ? Quant à Pierre, il était jeune. Vu son âge et son inexpérience, il lui était difficile de saisir l'importance que revêtait à ce moment-là pour Guylaine le fait de prendre « sa » place, d'exercer son pouvoir. Sans qu'ils le réalisent, les frères et sœurs Saucier se trouvaient en présence d'un nouveau *leader* en train de fabriquer sa propre image.

La relève

Pierre n'avait pas saisi dans toutes leurs complexités les diverses causes des difficultés qu'il devait connaître avec sa sœur. Comment s'attendre à ce que soit résolue la grande question de la « relève », celle de la transmission du patrimoine, alors que, étant somme toute encore relativement jeune et vu l'âge de ses enfants, leur propre père lui-même avait remis la question à plus tard ?

Dès 1970, quand l'entrepreneur Gérard Saucier parlait de sa relève, c'était particulièrement « les gars », ses trois fils encore aux études. Pour lui, comme le rappelle sa sœur Marie-Mai, c'était la tradition, « le nom Saucier était transmis par les garçons ». Il ne s'oppose pas à la présence de sa fille dans l'entreprise et il appréciait ses connaissances, mais c'était d'abord « la » comptable. Et il se considérait encore trop jeune pour désigner son successeur.

Au décès de Gérard Saucier, la relève était donc là, en train de se préparer. L'entreprise n'existait que depuis une dizaine d'années. Elle venait à peine de se stabiliser avec le rachat des actions de l'ancien associé. Occupé à « bâtir », Gérard n'avait pas pris le temps de gérer le volet de l'entreprise familiale, de régler les conflits qui peuvent naître parmi les membres d'une famille. Or la cohésion du couple famille-entreprise représente un grand défi. Le leadership et la gestion de l'entreprise familiale constituent un problème très délicat.

L'intégration verticale des opérations

En 1974-1975, la scierie Barrette & Saucier franchit le cap des 120 millions de p.m.p., une production qui en 1966-1967 était de 12 millions. À la fin de l'exercice financier 1975-1976, à la suite des modifications déjà apportées à l'usine au cours de l'été 1975 par Gérard Saucier, la production atteint près de 150 millions de p.m.p.

En juillet 1976, Guylaine soumet aux actionnaires et administrateurs de l'entreprise un rapport relatif à la réalisation d'un projet industriel forestier comportant la modernisation de l'usine de sciage et l'implantation des nouvelles usines de rabotage et de séchage. L'idée avait été lancée par son père en 1974. Pour réaliser le complexe projeté, il faudra investir un montant global de 9 170 000 $ au cours des trois prochaines années d'exploitation. Cent trois nouveaux emplois seront alors créés.

Ces améliorations comportent des avantages substantiels pour ce qui est des revenus additionnels prévus pour l'entreprise. Comme devait le préciser quelques années plus tard la présidente, « il nous fallait réaliser ces investissements pour diminuer notre vulnérabilité face à Barvi lors de la prochaine ronde de négociations ».

Ce programme d'investissement à Comtois finira par engendrer des déboursés d'environ 11 millions de dollars. Il inclut une usine de rabotage, un séchoir, un garage, de même que diverses améliorations locatives. La modernisation de l'usine de sciage est cependant remise à plus tard.

C'est au cours de l'été 1979 que l'usine de rabotage commence ses activités. Le séchoir entrera en fonction en mars 1980. Ce nouveau complexe intégré, capable d'effectuer toutes les opérations de transformation du bois, devient l'unité de production la plus importante située à l'est des Rocheuses. « À cent milles au nord de Val-d'Or, c'était tout de même une réalisation ! », comme le faisait alors remarquer l'avocat Michel Gilbert.

Une première acquisition en 1977

Guylaine a à peine eu le temps de convaincre les jeunes administrateurs d'aller de l'avant avec le projet d'intégration verticale des opérations à Comtois que se présente une occasion spéciale d'investissement, une scierie appartenant à la compagnie Nottaway ltée, filiale du Groupe Paradis & Fils ltée, située à Senneterre. L'entreprise en fait donc l'acquisition en 1977. Ce choix, elle l'explique aujourd'hui : « Cette acquisition, c'était carrément dans le but de prendre de l'expansion. »

Depuis l'obtention du contrat de vente des copeaux chez Kruger Pulp and Paper et après avoir réussi à imposer sa présence dans le milieu industriel, du moins parmi ses plus proches concurrents tout aussi intéressés à faire cette acquisition, Guylaine voulait à tout prix être dans la course. À l'époque, la mode était à l'acquisition et tous les scieurs rêvaient de devenir plus gros. Avec son arrivée, le jeu de la concurrence avait commencé à se transformer.

L'achat de Nottaway semble présenter des avantages pour le Groupe Saucier qui y consacre plus de 4,7 millions de dollars, ce qui inclut le coût d'acquisition et les investissements supplémentaires s'y rattachant. Une usine d'une capacité de production de 60 millions de p.m.p. s'ajoute ainsi à la production de l'usine de Comtois qui était de 150 millions. Le 14 juin 1978, *L'Écho abitibien* titre alors avec fierté que la contribution du Groupe Saucier à l'économie abitibienne inclut maintenant 1 300 emplois directs, soit 400 à Senneterre et 900 à Comtois.

De nouvelles entités commerciales

En 1978, l'entreprise portait encore le nom de Barrette & Saucier ltée. Cette question du nom revenait à l'ordre du jour, l'idée d'en changer apparaissait désormais comme une nécessité. Quand, le 31 octobre 1974, Gérard avait fait l'acquisition des actions de son ex-partenaire dans l'entreprise, il avait bien d'autres préoccupations que ce changement de raison sociale. Il en a été de même pour Guylaine au cours des premiers mois de son mandat.

L'acquisition de l'actif de Senneterre se trouvant à créer une nouvelle structure légale, c'est donc au cours de l'exercice financier 1977-1978 que les nouvelles entités commerciales voient le jour. La désignation « Les Produits Forestiers Saucier (Comtois) ltée » remplace Barrette & Saucier ltée. « Les Opérations Forestières Saucier ltée », qui alimente l'usine de Comtois, remplace les Opérations Forestières Barrette & Saucier ltée. « Les Produits Forestiers Saucier (Senneterre) ltée » désigne la propriété de l'actif situé à Senneterre et « Les Opérations Forestières Mégiscane ltée » fournit l'usine de Senneterre.

Ces compagnies deviennent alors des filiales en propriété exclusive de la compagnie-mère, « Les Entreprises Gérard Saucier ltée ». Laquelle n'obtiendra qu'à l'exercice financier suivant (1979) ses lettres patentes supplémentaires l'autorisant à changer sa raison sociale. À partir de ce moment, le holding familial portera le nom : « Le Groupe Gérard Saucier ltée ».

Une solidarité peu commune

C'est dans des conditions favorables, créées et entretenues par son père, que Guylaine a été amenée à jouer son rôle de présidente. Les employés du Groupe Gérard Saucier ont toujours conservé au fil des ans une solidarité et une loyauté peu communes à l'égard de l'entreprise. Les racines de cette solidarité remontent aux premiers temps des activités de Gérard Saucier dans le Nord-Ouest québécois.

Michel Gilbert reconnaît que « Guylaine a hérité de cette solidarité qui existait dans l'entreprise, une solidarité qui s'est même d'une certaine façon consolidée parce qu'il s'agissait de "la petite Guylaine", la fille de Gérard. Monsieur Saucier, rappelle-t-il, avait créé cette complicité et les employés ont eu, peut-être, une attitude "paternaliste", dans le bon sens du terme, à l'égard de Guylaine et à l'égard de la famille Saucier. Solidarité créée par le père, et dont la fille a profité du fait que les employés voulaient réellement l'aider ».

La force même du Groupe, au dire de Georges Pagé, directeur des opérations de Senneterre de 1977 à 1980 et de Comtois de 1980 à 1988, c'est la main-d'œuvre qui est sur place. « Il y avait à Comtois une équipe d'hommes que je n'avais jamais rencontrés dans le passé et que je ne rencontrerai probablement plus jamais... Je n'ai jamais vu une équipe si forte, si puissante. Des surintendants jusqu'aux balayeurs, ces gars-là auraient fait n'importe quoi pour la famille Saucier. »

CHAPITRE

13

Les années quatre-vingt

Les premiers contrecoups

En janvier 1980, l'entreprise commence à ressentir les contrecoups de sa rapide expansion. Sur le plan financier, l'acquisition de Nottaway a entraîné des résultats inquiétants à moyen terme, comme l'indiquent les données suivantes : 3,5 millions de dollars de pertes nettes accumulées au cours des trois premiers exercices financiers se terminant le 31 août 1980. « Avec le recul, ça (cet achat) a été un peu casse-cou de ma part », reconnaît aujourd'hui Guylaine. Richard semble aussi partager cet avis : « Pas faire d'argent à Senneterre en 1979, t'avais un sérieux problème ! » Heureusement, l'usine de Comtois procure au cours de la même période un bénéfice net accumulé de 2,5 millions, diminuant d'autant les pertes consolidées.

Madame Saucier mère fait alors remarquer qu'il aurait probablement mieux valu que Guylaine ait pris conseil de personnes plus expérimentées beaucoup plus tôt au cours de son mandat. Richard souhaite que de nouveaux administrateurs prennent place au sein du conseil d'administration « pour améliorer les prises de décision et donner plus de crédibilité auprès des institutions financières ». Ses préoccupations sont fondées, puisqu'au début de 1980, la Banque Nationale retire injustement, selon Guylaine, son appui financier à l'entreprise.

Un nouveau financement

Habile stratège, Guylaine s'était préparée à faire face à pareille éventualité : « Lorsque nous avons acheté les actifs de Senneterre en 1977, la Banque Mercantile nous a financés. Il y eut plus tard fusion entre la Banque Nationale et la Mercantile. Le responsable du dossier de financement des actifs de Senneterre à la Banque Nationale se sentait mal à l'aise dans ce dossier. Il me convoqua à une réunion au cours de laquelle il me fit valoir que l'acquisition de Senneterre rendait notre entreprise vulnérable et que nous n'avions plus le choix, il fallait vendre.

« Ce qu'il ne m'a cependant pas dit, c'est qu'il avait déjà trouvé un acheteur pour ces actifs, en l'occurrence un de nos proches concurrents. Puis il ajouta : "On sait que vous êtes allés voir des représentants de la Caisse de dépôt ainsi que ceux de la Banque Royale, mais ils ne vous offriront pas de financement."

« C'est alors que je lui ai présenté deux lettres, l'une de la Caisse de dépôt, l'autre de la Banque Royale, toutes deux m'offrant le financement requis ! Je lui ai alors dit : "Je n'ai pas beaucoup d'expérience en affaires, mais peut-être pourriez-vous m'indiquer la démarche à suivre pour interrompre nos activités avec la Banque Nationale ?" Inutile d'en ajouter, je m'étais bien préparée pour cette rencontre. »

Le 20 mars 1980, Guylaine avait réussi à trouver un nouveau financement ; elle a négocié un nouvel emprunt de 11 millions de dollars auprès des représentants de la Caisse pour le long terme. La Banque Royale devait accorder à l'entreprise son appui pour le court terme.

L'exercice se terminant le 31 août 1980 représentait le pire résultat financier de l'histoire du Groupe, une perte après impôts de 2,1 millions de dollars.

La mise en marché des produits

Outre l'intégration verticale des opérations à Comtois et l'acquisition de la scierie de Senneterre, l'expansion de l'entreprise s'est aussi réalisée par la prise en charge de la vente de ses produits. En septembre 1980, pour la première fois depuis 1966, le Groupe a directement accès à ses clients, surtout des grossistes.

Lors d'une assemblée des administrateurs, Guylaine résume en ces mots cette période : « Traditionnellement, Barvi, moyennant une commission très élevée, faisait notre mise en marché. Jusqu'en 1979, nous étions liés par contrat avec cette compagnie pour notre production de Comtois. À la date de l'acquisition de Senneterre, et à partir du moment où nous pouvions diminuer nos quantités contractuelles avec Comtois (en faveur de Barvi), nous avons diversifié notre mise en marché en faisant affaire avec d'autres courtiers. Leur commission était beaucoup plus raisonnable, mais nous étions tous conscients que c'était une solution temporaire, de transition, pendant que nous étions occupés à faire l'intégration de nos opérations manufacturières.

« Depuis 1980, nous faisons nos ventes nous-mêmes et avec le recul, nous sommes heureux de cette décision qui, non seulement diminue nos coûts d'opération, mais aussi nous permet d'obtenir un meilleur prix de vente. »

Pierre réintègre l'entreprise

C'est en mai 1980 que Pierre réintégrait l'entreprise familiale. Son retour coïncidait avec cette décision de la présidente d'effectuer la mise en marché de ses produits, ce qui lui convenait puisque, avec sa maîtrise en administration, c'est précisément à ce niveau qu'il voulait travailler.

Trois membres de la famille Saucier occupent alors un emploi au sein de l'entreprise : Guylaine, Richard et Pierre. Pendant son absence de quatre ans, les choses ont changé. Guylaine a dorénavant la situation en main. La venue de son frère n'est plus un souci et l'accueil est sympathique. Comme elle le dira en 1989 : « Il est vrai que j'ai congédié Pierre en 1976 et que je l'ai réembauché en 1980. Dans les deux cas, ce fut une bonne décision. »

Une progression importante et périlleuse

Au cours des sept premières années de l'administration de Guylaine, soit de 1975 à 1982, le Groupe devait connaître une progression aussi importante que périlleuse, avec des acquisitions d'immobilisations se chiffrant à 26,9 millions de dollars.

Entre le 31 août 1975 et le 31 août 1982, par suite du programme d'investissement à Comtois, de l'acquisition de Senneterre et de la prise de contrôle de la mise en marché de ses produits, le chiffre d'affaires du Groupe enregistre une croissance annuelle composée (c.a.c.) de 13,8 %, passant de 16,5 à 40,9 millions de dollars.

Au cours de la même période, l'actif total passe de 12,1 à 38,8 millions de dollars (c.a.c. de 18,1 %) et l'avoir des actionnaires, de 3,4 à 8,0 millions (c.a.c. de 13 %). Fait à remarquer, le 20 mai 1978, certaines immobilisations ont été réévaluées à leur coût de remplacement. À compter de ce jour, l'actif total et l'avoir des actionnaires ont été majorés de 4,8 millions de dollars.

Le niveau d'endettement à long terme a lui aussi progressé. Il passe de 3,4 millions de dollars, montant relié principalement à l'acquisition des actions de son ex-associé par Gérard Saucier, à 15,3 millions (c.a.c. de 24 %).

De 1975 à 1982, le Groupe Gérard Saucier ltée a accumulé des pertes nettes de 2,9 millions de dollars comparativement à des profits nets de 9,2 millions au cours de la période 1966-1975. Ces résultats ont cependant généré des flux monétaires de 14,2 et 15,3 millions de dollars pour ces deux périodes respectivement, donnant ainsi un bien meilleur aperçu de la rentabilité de l'entreprise. Néanmoins, celle-ci a connu ses premières difficultés financières au cours de cette période d'expansion.

Cette croissance de 1975 à 1982 a-t-elle été trop rapide ? Pour Richard, la question se pose ainsi : « À quoi ça sert de grossir si tu deviens vulnérable ? »

Le Groupe Gérard Saucier ltée
Résultats financiers (1975-1982)

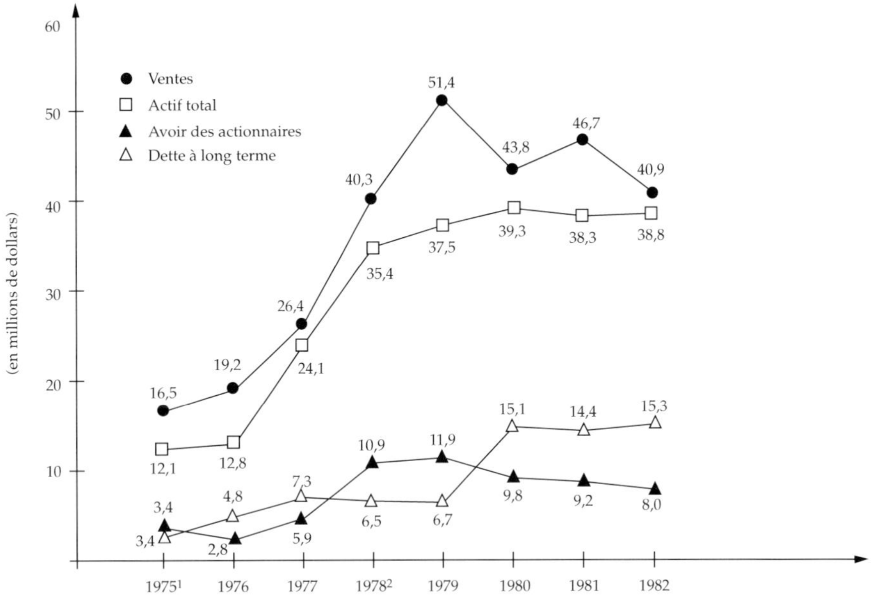

1. Les entreprises Gérard Saucier ltée – données consolidées.
2. Le 20 mai 1978, certaines immobilisations ont été réévaluées à leur coût de remplacement. À compter de ce jour, l'actif total et l'avoir des actionnaires ont été majorés de 4,8 millions de dollars.

Source : États financiers vérifiés – Raymond, Chabot, Martin, Paré & Associés, C.A.

Une nouvelle équipe

Au fur et à mesure que les circonstances l'exigaient, Guylaine a recruté des cadres supérieurs venus de différents secteurs de l'industrie, aux compétences complémentaires. Étant donné la situation géographique de l'entreprise, ce n'était pas toujours facile et son choix de gestion lui posait des problèmes de recrutement. Peu de candidats compétents étaient prêts à « s'exiler » avec leur famille à Comtois, lieu du siège social.

À la différence de ses proches concurrents dont le personnel cadre venait principalement de la région abitibienne, la dirigeante recrutait un personnel venu de l'extérieur, surtout de la région de Montréal, où elle était elle-même installée. Mais il y avait un prix à payer pour ce choix, les primes d'éloignement s'ajoutant au transport aérien hebdomadaire.

Le déplacement du siège social

Cela ne devait durer qu'un temps. En 1980, au moment où l'entreprise prend la responsabilité de la mise en marché de ses produits, la présidente décide de localiser le bureau des ventes dans la grande région métropolitaine pour faciliter le recrutement du personnel de vente aussi bien que les communications extérieures. De façon progressive, Guylaine et son équipe de cadres supérieurs s'y trouvent bientôt installés.

Si le siège social est toujours légalement situé en Abitibi, il s'est pourtant transporté « en ville », pour des raisons pratiques. La situation est en fait ambiguë : elle n'est pas perçue de la même manière par tout le monde. Pour Guylaine, le siège social n'a jamais été déplacé. Elle rencontrait les employés en petits groupes sur une base régulière et elle ne se souvient pas qu'on lui ait fait des commentaires à ce sujet. « Je soupçonne que ça n'a pas été perçu positivement », reconnaît-elle cependant aujourd'hui.

« Les employés de Comtois n'ont sûrement pas aimé ça », rappelle Céline. L'entreprise avait toujours été considérée comme la propriété du milieu. Le leadership de Gérard Saucier était fondé sur cette fidélité des hommes et des femmes qui étaient honorés de l'attachement qu'il leur portait. Pour Richard, ce déracinement était une erreur. « Ça été la seule erreur de Guylaine, mais la pire qu'elle pouvait faire. » Dans une conversation avec Sylvie, un ingénieur lui disait à ce propos : « C'était quand même spécial, des gens de bois qui se faisaient voyager toutes les fins de semaine en hélicoptère. De Comtois à Val-d'Or à Montréal. On n'a pas vu ça souvent dans l'industrie. »

Un nouveau style de gestion

Le nouveau leader a donc exercé une influence marquante sur la vie de l'entreprise. Compte tenu de la taille du Groupe et des ramifications de ses diverses composantes, une nouvelle structure s'est créée, plus définie et assortie de pouvoirs et de délégations.

En 1980, dans une entrevue accordée à la revue *Opérations forestières*, Guylaine précise : « La première chose à laquelle je me suis attaquée, ça a été de structurer l'entreprise, de déléguer les pouvoirs. Ce qu'il a fallu faire, c'est se mettre à la recherche de gens compétents qui correspondent étroitement à l'orientation qu'on veut donner à l'entreprise. Une fois qu'on a fait les premiers pas, on se rend vite compte qu'il est illusoire de penser qu'un patron peut tout gérer seul. »

Michel Gilbert décrit en ces termes ce changement de style de gestion : « Après 1975, l'entreprise est devenue plus structurée parce que Guylaine, diplômée universitaire, voulait opérer avec une structure. Du temps de ton père, c'était une structure plus ou moins floue où les titres n'avaient pas tellement d'importance, parce que c'était une gestion un peu collégiale. La structure a changé avec l'arrivée de Guylaine. Chaque personne apporte sa dimension. Cette partie-là faisait partie de la culture nouvelle de l'entreprise. Une dimension différente. »

Des années difficiles

Après une décennie d'inflation et une deuxième crise du pétrole en 1979, une politique monétaire restrictive a haussé le taux de l'argent et plonge l'économie dans une nouvelle récession. En novembre 1981, l'usine de Senneterre doit fermer jusqu'en avril 1983. Les cours du bois d'œuvre chutent de 30 %, ne laissant de meilleur choix à la dirigeante du Groupe.

Madame Saucier mère, seule membre de la famille à résider en Abitibi, est à même de vivre les difficultés qu'éprouve l'entreprise. Elles sont rapportées par les journaux locaux et sur place, les gens qu'elle côtoie ne manquent pas de lui en parler. Elle intervient toujours en faveur de ses enfants et de l'entreprise familiale.

Guylaine explique ainsi la situation à un journaliste : « Nous n'avions pas le choix. Le marché s'était écroulé et toutes les entreprises durent congédier. Notre usine de Senneterre a été fermée pendant 18 mois et pendant plus d'un an, l'usine de Comtois a tourné avec un quart en moins (66 % de capacité). »

Les résultats des exercices financiers de ces deux années récessionnaires indiquent une perte après impôts de

0,671 million de dollars en 1981 et de 1,128 million en 1982. Après avoir enregistré des pertes nettes de 2,094 millions de dollars en 1980, ces dernières données ont contribué à envenimer le climat au sein du Groupe.

Les relations se détériorent

Au fil des années, les relations entre actionnaires se sont détériorées. À la suite du décès de Gérard Saucier, l'entreprise a dû vivre une période de transition difficile. Guylaine reconnaît qu'elle a dû se replier sur elle-même afin de se donner du temps pour maîtriser ses dossiers et ses nouvelles fonctions de p.-d.g. et en contrôler tous les éléments.

D'autre part, les actionnaires n'avaient pas accordé à la jeune présidente un appui inconditionnel. Et les résultats incertains des dernières années ont fini par créer des tensions parmi les membres de la famille, tous, faut-il le rappeler, actionnaires à parts égales. L'unanimité autour de Guylaine est fragile et les discussions autour de la table vont en se durcissant. Les désaccords sont manifestement de plus en plus nombreux.

La valeur des actions

En 1981 et 1982, de longues et parfois pénibles discussions surgissent entre les actionnaires. Il y est notamment question des conventions entre eux. Le 21 septembre 1982, une nouvelle entente sera conclue dans laquelle les parties conviennent des conditions relatives à la vente d'actions. La formule retenue pour déterminer le prix de ces actions est « la valeur aux livres », en opposition à la valeur marchande. La formule ne fait pas l'unanimité, mais certains y trouvent une mince consolation puisque cette entente n'est valable que pour dix-huit mois, après quoi il faudra à nouveau en négocier les modalités.

Il y est aussi question de modifier un règlement de la compagnie visant à faire passer de cinq à quatre le nombre d'actionnaires requis pour prendre une décision relativement à la vente possible de l'entreprise. Sur ce point important, c'est le *statu quo* : une telle décision nécessitera le consentement de cinq Saucier.

Un mandat écrit

Les échanges les plus durs entre actionnaires portent toutefois sur le rôle que souhaiteraient jouer dans l'entreprise ceux qui ne sont pas impliqués directement dans l'opération. Sur ce dernier sujet, les divergences atteignent leur point culminant lors d'un appel-conférence, le 20 décembre 1981. À la fin de la communication, Guylaine exige que son mandat de p.-d.g. lui soit confirmé par écrit, ainsi que les conditions salariales s'y rattachant. « Il est impensable à l'intérieur d'un mandat d'un an comme président de faire fonctionner adéquatement une entreprise », déclare-t-elle à ses frères et sœurs.

Peu de temps après, une convention est signée entre Guylaine et le Groupe Gérard Saucier ltée, dans laquelle il est question de retenir ses services à titre de p.-d.g. jusqu'au 31 août 1985, et par la suite d'année en année. Il est aussi question d'une indemnisation de départ de vingt-quatre mois de rémunération globale, d'un salaire majoré substantiellement et d'un ajustement salarial rétroactif payable au moment désigné par Guylaine.

Une situation précaire

Puis, pendant l'année 1983, de nouveaux sujets litigieux font surface, de plus en plus acrimonieux. Cela commence plus spécialement le 8 avril, le jour où les actionnaires reçoivent une lettre de la présidente faisant état d'une situation d'urgence :

« Je n'ai pas l'habitude de vous écrire pour vous communiquer des nouvelles, bonnes ou mauvaises, sur la situation de l'entreprise. Dans la situation actuelle, je crois que c'est nécessaire. À moins d'une reprise exceptionnelle dans les prochains mois, nous accuserons une perte de 1,3 million de dollars pour l'exercice 1982-1983. Ce sera la quatrième année consécutive de perte pour le Groupe Saucier.

« La situation financière précaire de la compagnie souligne l'urgence d'une réflexion sur les options qui nous sont disponibles. Je ne peux qu'en conclure que nous devons nous préparer à considérer des changements radicaux dans notre orientation, dans notre façon de fonctionner (cadre, actionnaire, conseil d'administration) et dans notre structure financière. La situation n'en est pas encore une de crise, mais elle est suffisamment sérieuse pour que nous initiions nous-mêmes le processus de redressement avant d'y être forcés par les circonstances. »

Dans sa lettre, la présidente insiste également auprès des actionnaires sur l'importance de prendre collectivement conscience de l'urgence de la situation et sur la nécessité de s'entendre sur des solutions visant à sécuriser leurs investissements. Tous les actionnaires savent déjà trop bien que la situation financière de l'entreprise est précaire. Cet aveu inusité de la présidente ne fait que confirmer leurs craintes.

Différentes solutions visant à corriger la vulnérabilité du Groupe sur le plan financier sont donc prises en considération. L'une est la vente d'actif, plus précisément l'usine de Senneterre, l'autre est de se défaire d'une partie du capital-actions du Groupe, ce qui signifie qu'il faudrait trouver un nouveau partenaire. Ni l'une ni l'autre de ces options n'est retenue.

Une question de confiance

Mais toutes les discussions des dernières années, provoquées, entre autres, par la faible performance financière de l'entreprise, en amènent d'autres qui ont un commun dénominateur : le manque de confiance des actionnaires vis-à-vis de la présidente et de son équipe de direction. Le 30 mai 1983, tout cela aboutit à une réunion informelle des actionnaires du Groupe, présidée exceptionnellement par Richard Saucier. À l'issue de cette réunion, il est convenu de « faire la tentative d'aller sur le marché et de vérifier si on peut obtenir le prix de 14,4 millions de dollars pour la vente de l'entreprise ». L'opération n'enchante guère la présidente, cela va de soi. Richard propose donc la mise sur pied d'un comité responsable du dossier de vente. Mais les actionnaires ne réussissent pas à s'entendre sur le choix des membres qui pourraient former ce comité.

La présidente prendra les choses en main et tous se mettront d'accord pour faire faire une évaluation indépendante de l'entreprise par des conseillers en administration choisis par la présidente.

Une évaluation indépendante

À l'automne 1983, le mandat de déterminer la juste valeur marchande des actions ordinaires émises et en circulation du Groupe est confié à des conseillers en administration. Le but reconnu est de fournir aux actionnaires un outil leur permettant d'élaborer un plan stratégique pour l'entreprise, ce qui, dans les faits, a un certain fondement. Cependant, l'exercice comporte un autre objectif qui, pour n'être pas clair à ce moment, n'en est pas moins fondamental. Si tous reconnaissent qu'il va répondre à un besoin de mieux connaître l'entreprise, pour certains, c'est l'amorce d'un mouvement de fond : recueillir des données en vue de la préparation d'une éventuelle négociation d'achat/vente d'actions entre les actionnaires du Groupe.

La formation d'un comité spécial

Durant cette même réunion du 30 mai 1983, Richard suggère la formation d'un comité exécutif non officiel (CENO), formé de certains membres du conseil d'administration, soit « seulement des Saucier, ceci de façon à ce qu'ils soient plus près des opérations ». Cela à l'insu des représentants de la Caisse de dépôt siégant au conseil d'administration du Groupe depuis 1980.

Richard présente son idée à des actionnaires qui ne demandent pas mieux que d'être convaincus, surtout qu'ils y voient, enfin, l'occasion de s'impliquer davantage, d'apporter leur contribution à la gestion de l'entreprise familiale. Ainsi réussit-il assez facilement à persuader du bien-fondé de son projet tous les actionnaires, sauf la présidente, qui s'y oppose vigoureusement.

Guylaine tranche alors la question de la façon suivante : « Il semble y avoir confusion et contradiction entre le désir de participer à l'identification et à l'évaluation d'actions dites stratégiques et celui de se mêler des affaires de gestion courante de l'entreprise. [...] J'ai toujours été d'accord pour que la famille identifie ou évalue les options de développements disponibles au

Groupe Saucier à partir du travail fait par l'équipe en place. Sur le plan de la gestion courante, je vous ai proposé d'examiner à période régulière les différents indicateurs de performance de nos opérations. Vous n'êtes pas d'accord. Plutôt que de s'acharner à être en désaccord, pourquoi ne pas commencer par vivre l'expérience d'un examen plus approfondi de la performance des différentes facettes de notre opération ? Vous serez alors plus en mesure de juger de l'information qui vous manque. »

La présidente met aussi les actionnaires en garde contre la réaction de la Caisse de dépôt, dans l'hypothèse où celle-ci apprendrait qu'un comité exécutif « non officiel » était formé : « La présence de la Caisse chez nous ne doit pas être perçue comme allant à l'encontre des intérêts des actionnaires. Que serait-il arrivé (en 1980), si la Caisse n'avait pas été là ? Il est important que nous jouions franc-jeu avec eux. Plus ils nous percevront comme un groupe professionnel compétent, capable de faire face à nos problèmes, capable de réduire notre vulnérabilité, plus ils seront intéressés à nous aider. »

Et elle ajoute : « Toute intervention cavalière des actionnaires dans la gestion directe de l'entreprise comporte des risques sur les plans d'unité de direction (efficacité de l'équipe de direction), de crédibilité du conseil d'administration et de crédibilité du président ; les cadres doivent percevoir que le président est le véritable leader et qu'il n'y a pas de dissension profonde entre ses vues et celles des actionnaires. »

La notion de « pouvoir » surgit

Cette réponse ne convainc pas les actionnaires. Quelques-uns pensent que « Guylaine joue trop de rôles dans l'entreprise ». D'autres déplorent l'absence d'un « Saucier » à Comtois, reprochant à Guylaine son absence du siège social. En particulier depuis le départ de Jean-Paul, directeur des opérations forestières, qui toute sa vie a travaillé aux côtés de son frère Gérard, et qui, après le décès de celui-ci, a continué d'assurer une saine gestion des frais d'exploitation en forêt, une responsabilité d'une importance capitale. Sylvie avance que « Guylaine perçoit la formation d'un comité exécutif non officiel comme étant néfaste parce que cela perturberait son pouvoir établi ».

En fait, au fur et à mesure que Guylaine a pris sa place comme p.-d.g et en tant que femme d'affaires bien en vue au Québec, l'exercice de son autorité est perçu par certains actionnaires comme un « pouvoir », dont le poids alourdit considérablement les échanges. Cette question du « pouvoir » entre progressivement en ligne de compte dans les communications et indispose la famille à divers degrés.

Pour Céline, dont le mari, ingénieur forestier, a été engagé à Comtois par Gérard Saucier peu avant son décès, « la force de Guylaine, c'était son lien avec l'extérieur. Ce n'était pas sa relation avec les gens de Comtois, avec les travailleurs de Comtois et avec la famille. C'était peut-être la perception que les gens auraient d'elle, vu de l'extérieur. C'est ça qu'il fallait qu'elle confirme, son image dans le monde des affaires québécois. »

Jean pense que Guylaine préférait les conseils de l'extérieur plutôt que ceux de la famille. « On dirait qu'aussitôt qu'il y a de la famille, y a un conflit d'intérêt, y a quelque chose, ça peut pas être bon, c'est pas professionnel. »

Le rôle de l'actionnaire et de l'administrateur

Les discussions entourant la formation d'un CENO ont entraîné à nouveau de longs et vifs débats sur les rôles respectifs de l'actionnaire et de l'administrateur au sein d'une entreprise.

Comme devait le faire remarquer la présidente : « Un consensus ne peut être établi dans un climat de méfiance. Cette question de méfiance est reliée d'une part à la perception qu'a chaque membre de la famille du rôle que doivent jouer les actionnaires, les administrateurs et l'équipe de direction et, d'autre part, à la crédibilité de l'information disponible aux actionnaires.

« Il m'apparaît que la volonté de créer un comité exécutif non officiel (CENO) est davantage une réponse au climat de méfiance perçue qu'à un manque de consensus quant au rôle de chacun. »

Il fallait reconnaître que Guylaine n'avait pas réussi à faire l'unanimité autour de la table du conseil d'administration, et plus spécifiquement avec les actionnaires. Le climat n'était pas à la confiance. La demande d'un CENO en 1983 est une conséquence de cette situation. La présidente gagnera quand même la partie puisqu'il n'y aura pas de comité. « Je n'ai pas l'intention d'amener ce point au conseil d'administration à moins que vous ne jugiez à propos de le faire. »

Sylvie considère que cette tentative de former un comité spécial n'a pas été un succès : « Probablement qu'il y avait trop de dissensions entre nous. On voulait tous être des petits chefs. On n'avait pas assez de liens sûrs. On initiait des mouvements, mais on ne pouvait jamais continuer. On annulait nos pouvoirs personnels. »

Des résultats meilleurs que prévus

En fin de compte, les résultats de l'exercice financier se terminant le 31 août 1983 s'avéreront meilleurs que ceux prévus par la présidente dans sa lettre aux actionnaires datée du 8 avril précédent. Plutôt qu'une perte de 1,3 million de dollars, l'entreprise réalise un bénéfice net de 296 940 $ sur des ventes de 36 146 460 $. Ce revirement soudain s'explique dans une grande mesure par un gain extraordinaire de 550 000 $ provenant d'un recouvrement d'impôts exigibles, à la suite de l'application des pertes des exercices antérieurs.

La présidente commente de la façon suivante les résultats de cet exercice, en y ajoutant un bref historique de son administration : « En 1975, nous avons commencé à administrer une compagnie qui était loin d'être intégrée. À Comtois, nous n'avions ni séchoir ni usine de rabotage, et nous n'avions aucun contrôle de notre mise en marché. Pour diminuer cette vulnérabilité de base, nous avons, après mûre réflexion, décidé d'investir quelque 12 millions de dollars de façon à gagner notre indépendance vis-à-vis de

Barvi, de développer nous-mêmes nos marchés et, de ce fait, de nous assurer une viabilité à long terme.

« En 1977, nous avons décidé d'acheter l'usine de Senneterre. La rentabilité de cette usine a toujours été mise en question. Cependant, à cause de sa situation géographique, à cause de son approvisionnement [...] Senneterre sera sûrement un "plus" pour notre rentabilité future. [...] Dans un marché de concurrence (parfaite), il est vital de garder notre *cost-leadership*. C'est l'élément qui nous a permis de passer au travers la récession sans graves problèmes. [...] Nous devrions connaître une année 1983-1984 sensiblement meilleure que 1982-1983, même si la reprise dans notre industrie s'annonce lente », devait-elle conclure.

Une nouvelle grève chez Domtar

Pendant l'exercice financier se terminant le 31 août 1984, un nouvel événement incontrôlable vient affecter les résultats. En pleine période de reprise, une nouvelle grève à la Domtar entraîne de sérieuses répercussions à l'usine de Comtois qui y écoule toujours près de 75 % de sa production de copeaux. Faute de débouchés à court terme, la production doit être réduite considérablement. Cet exercice financier de 1984 va engendrer un bénéfice net de seulement 68 000 $, sur des ventes de 47,7 millions. Pour la présidente, un autre facteur important explique aussi ces résultats : « Le marché du bois d'œuvre n'a pas connu la croissance que tous prévoyaient au début de l'année 1984. »

La scission s'amorce

Les relations entre les actionnaires demeurent tendues. La présidente avoue même qu'au cours des neuf premières années de son administration, la gestion de l'entreprise familiale a représenté pour elle un réel fardeau. « Je mettais beaucoup de temps et d'énergie à tenter de contenter tout le monde plutôt qu'à canaliser mon énergie aux bons endroits », reconnaîtra-t-elle plus tard.

C'est au printemps de 1984 que Sylvie parle à la présidente de la possibilité de se départir d'une partie de ses actions au sein du Groupe. Le 28 juin se tient une réunion fort importante : l'objectif est de préciser les modalités de la convention entre actionnaires. Celle qui a été signée en septembre 1982 est expirée depuis bientôt trois mois et elle doit être renouvelée. Les actionnaires font face à un choix crucial pour l'adoption d'un mécanisme visant à déterminer la valeur des actions : valeur aux livres (comme c'était le cas dans le passé) ou valeur marchande ? La situation a évolué. Pour Sylvie, aussi bien que pour les autres actionnaires qui commencent eux aussi à penser sérieusement à la possibilité de vendre, la seconde option est à retenir.

La valeur de l'entreprise Saucier

Au 31 août 1984, la valeur aux livres du Groupe se situe à 8,1 millions de dollars. La Caisse de dépôt avait évalué à 15 millions, en 1980, la valeur de l'entreprise, ayant obtenu une option d'achat pour 10 % du capital-actions à 1,5 million de dollars, alors que l'évaluation indépendante fournie par les conseillers en administration en date du 31 août 1983 indique une valeur se situant entre 13,8 millions et 18,1 millions de dollars.

Pour reprendre l'expression de Richard, l'offre de la valeur aux livres pour acheter les actions d'un actionnaire qui décide de vendre représente « de la pure exploitation ». L'équilibre est donc très fragile et la présidente le sait. Elle n'ignore pas non plus que dans le cas où sa sœur Sylvie donnerait suite à son projet, cela pourrait enclencher un processus irréversible. D'autres actionnaires insatisfaits pourraient l'imiter. C'est à partir de cette situation précaire qu'une série de négociations, voire de tractations, sont entreprises.

La recherche d'alliés

Sylvie n'a pas encore annoncé officiellement son intention de vendre, mais Guylaine se prépare à cette éventualité. Elle a besoin d'alliés sûrs auprès d'elle. Dans les circonstances, elle compte sur l'appui de Céline mais aussi sur celui de Pierre. Malgré le différend qu'elle a eu avec lui dans le passé, ils ont tous les deux en commun un désir jamais démenti, comme elle le lui fait d'ailleurs remarquer à l'époque, « celui de grandir ensemble en tant qu'entreprise». Mais au même titre que d'autres actionnaires, il arrive à Pierre de s'interroger lui aussi sur son avenir en tant qu'actionnaire dans l'industrie du bois de sciage et plus spécialement au sein de leur entreprise.

Le 3 juillet 1984, Guylaine se présente dans le bureau de Pierre. Les deux passent près de deux heures à discuter de cette fameuse convention entre actionnaires, plus précisément de la méthode à privilégier pour établir la valeur de l'entreprise. Elle précise: «Je suis venue te voir aujourd'hui pour t'offrir une association entre toi et moi. J'aurais aussi bien pu ne pas venir. J'ai d'autres gens avec qui je pourrais acheter (les actions de notre sœur).»

Une méthode d'évaluation

Lors de la réunion du 5 juillet, durant laquelle les actionnaires devaient voter sur la méthode à retenir pour établir la valeur de l'entreprise dans leur convention, les discussions portent plutôt sur les possibilités de vente de l'entreprise ou sur l'opinion de chacun quant à la vente de ses propres actions. Contre toute attente, on ne procède pas au vote sur le mode d'évaluation des actions. Cependant Pierre profite de l'occasion pour aviser ses frères et sœurs qu'il ne sait pas encore s'il va se départir ou non de ses actions. Il précise néanmoins son choix: il gardera tout ou il vendra tout.

Le 10 juillet suivant, inquiétée par la nouvelle grève chez Domtar et craignant que le conflit ne dure, Guylaine confie à Pierre: «Je préfère ne pas penser aux répercussions d'une telle éventualité. J'ignore où cela va nous mener. Au pire aller, la Caisse pourrait tout reprendre. On n'aura qu'à tout recommencer à zéro.»

A-t-elle simplement voulu démontrer que la valeur aux livres était une méthode fort équitable dans le contexte? Chose certaine, ces propos n'ont rien de rassurant et Pierre commence à s'inquiéter. Dorénavant seul avec Guylaine dans l'entreprise, Richard ayant quitté en 1981 pour ne plus jamais s'y intégrer, Pierre est conscient de l'effet possible de sa décision sur le choix des autres actionnaires. S'il décidait de vendre, il craint que les autres, à l'exception de Guylaine, vendent aussi. Cette idée le consterne, puisque cela entraînerait sans doute la vente du Groupe Gérard Saucier ltée, cette entreprise familiale à laquelle il se sent encore si attaché. Doit-il plutôt choisir de conserver sa position, et même de l'accroître, au sein de l'actionnariat du Groupe ?

Céline est également consciente de son pouvoir : « Sylvie, Richard et Jean tentaient aussi de me convaincre de vendre, d'épouser leur cause. Je pouvais faire la différence. Mais Guylaine aussi voulait s'assurer que je demeure de son côté. »

L'inévitable décision

C'est le 4 septembre 1984 que Sylvie confirme officiellement son intention de se défaire non pas d'une partie, mais de la totalité des actions qu'elle détient dans le capital-actions de l'entreprise. Elle a pris seule sa décision de vendre. « Je ne voyais plus du tout l'entreprise comme une entreprise familiale, dit-elle aujourd'hui. Guylaine est arrivée avec une autre mentalité. C'était une professionnelle. Et moi, je pense qu'à un moment donné, elle a décroché de l'entreprise familiale. Elle a voulu gérer une "entreprise", et non une entreprise familiale. »

Dans les mois suivants, le mouvement de retrait continue : Richard, puis Jean annoncent à leur tour leur projet de vendre la totalité de leurs actions, pour ensuite le confirmer officiellement.

Désormais le Groupe est divisé en deux blocs qui s'opposent et possèdent chacun 50 % des actions : Sylvie, Richard et Jean d'un côté, Guylaine, Céline et Pierre de l'autre. En de telles conditions, la planification stratégique et les acquisitions deviennent toujours difficiles et ardues pour la présidente. Sa priorité est de consolider sa position, ce qui signifie qu'elle doit s'assurer que ces deux blocs de 50 % vont demeurer intacts, du moins dans l'immédiat.

Le contrôle de l'entreprise

Près d'un an plus tard, le 21 décembre 1985, Guylaine confirme à Pierre qu'elle veut « contrôler » l'entreprise. En fait, elle a trouvé un partenaire financier prêt à partager le coût de l'acquisition des actions des propriétaires sortants.

Elle tente de lui expliquer son changement de cap depuis les propos plus ouverts qu'elle lui tenait le 3 juillet 1984 : « Je me suis trop fait "bardasser" au cours des dix dernières années. Les gens n'arrivent pas à croire que je ne possède que 16 % de cette entreprise » ou encore « j'ai construit cette entreprise ». Elle essaie de rassurer Pierre en lui disant qu'il sera tout de même possible de faire « bon ménage », même si sa participation demeure minoritaire. Puis elle fait parvenir aux actionnaires sortants une lettre confirmant son intention d'acquérir leurs actions.

Pierre maintient la position qu'il a déjà prise : il va demeurer actionnaire, accordant ainsi son appui à Guylaine, sans toutefois y accroître sa position. Il refuse l'idée d'acheter les actions de ses frères et de sa sœur. Il espère plutôt représenter un élément neutre au sein du Groupe. Son choix pourtant ne devait pas être perçu comme tel par les actionnaires sortants. Gagné par une certaine lassitude, il n'a pas envie non plus de s'opposer à la décision de Guylaine de tout « contrôler ».

En réalité, ce contrôle auquel elle aspire, Guylaine l'exerce déjà. La possibilité d'acquérir davantage d'actions représente-t-elle pour elle la réalisation de sa volonté d'obtenir une part accrue du capital-actions de l'entreprise familiale ? Quoi qu'il en soit, elle est décidée à réussir ; à exercer pleinement son pouvoir. Comme le précise Laurent Lapierre, professeur à l'École des Hautes Études commerciales, dans une entrevue accordée à Pierre Saucier le 15 septembre 1993 : « Aujourd'hui, on a un peu démystifié la notion de pouvoir. On a un peu apprivoisé l'idée que si tu veux réussir maintenant, même si tu es un entrepreneur, mais encore plus si tu es un gestionnaire dans une grande entreprise, il faut que tu sois à l'aise avec la notion du pouvoir. »

Des négociations internes

Les deux blocs de 50 % vont ainsi devoir vivre ensemble jusqu'à ce qu'il y ait transaction. Une série de négociations internes commencent et elles ne devront connaître leur dénouement que beaucoup plus tard.

D'un point de vue strictement financier, Pierre n'est pas tout à fait convaincu d'avoir fait le meilleur choix en conservant ses actions. Il a malgré tout appuyé Guylaine qui avait consacré une partie importante de sa vie à l'entreprise. Il reconnaît son succès avec la prise de pouvoir qui s'y rattache.

Le pouvoir n'est pas toujours facile à vivre et il n'a pas que de bons côtés. Et cela, tout le monde ne l'a pas compris. Il faut être témoin, de l'intérieur, pour en saisir toutes les nuances et pour en évaluer la lourdeur. Pierre a vu Guylaine à l'œuvre et loin de l'envier, il a appris à la respecter. Il éprouve pour elle autant d'admiration que de sympathie.

Un triste épisode

Pierre n'a jamais souhaité le départ de l'un ou de l'autre des actionnaires et il leur a exprimé sans équivoque sa position sur le sujet. C'est avec une grande déception qu'il envisage la rupture, lui qui a toujours défendu l'idée que la force de leur groupe réside dans l'union de ses membres. Il a tenté de convaincre les « sortants » de rester, et eux aussi, de leur côté, ont tenté de le convaincre de vendre… Pierre croit que le moment choisi pour vendre n'est pas le meilleur, mais il n'est pas arrivé à leur en faire la démonstration. Et eux non plus n'ont pas réussi à le rallier à leur cause. Les arguments faisaient défaut des deux côtés. Pire encore, une vraie communication semblait impossible. Chacun avait une personnalité forte et tenait à son point de vue.

Un espoir déçu

Depuis que la direction en a été confiée à Guylaine, Pierre a toujours été conscient du faible rendement qu'a procuré aux actionnaires leur placement dans l'entreprise. Il reconnaît aussi que la gestion de l'entreprise familiale a représenté de nombreuses difficultés au cours des dix dernières années. Il conserve cependant toujours l'espoir que, dans un avenir plus ou moins rapproché, « leur entreprise » deviendra profitable, et qu'il sera enfin possible de diversifier les opérations à partir d'un noyau fort.

Il est habité aussi par un autre rêve, peut-être naïf, celui de voir ses enfants faire partie un jour de l'entreprise. À l'époque, il a un premier fils, Pierre-Antoine, alors le seul petit-fils Saucier. Il ne peut s'empêcher de penser à quel point son père, Gérard, aurait été heureux de sa présence, lui qui se plaisait tellement à imaginer des petits-enfants qui s'intéressent à la forêt, à l'industrie du sciage, aux affaires, et à « ses » affaires. Toujours la vision à long terme de l'entrepreneur, du héros défricheur…

Une deuxième acquisition

En juillet 1984, Forex inc., une entreprise récemment devenue publique, cesse ses opérations à la suite d'un rappel conjoint par la Banque Nationale et la Banque Royale de leur prêt d'exploitation. Comme l'approvisionnement en matière ligneuse a toujours été un problème pour Comtois, une deuxième acquisition semble pouvoir apporter une solution. Neuf mois plus tard, le 25 avril 1985, les présidents des groupes Forex et Saucier acceptent d'étudier des scénarios de regroupement de leurs deux entreprises.

Le 29 mai, des représentants de la Banque Royale, de l'usine de Domtar et de la Caisse de dépôt manifestent un intérêt marqué pour un tel rapprochement. Cette initiative reçoit aussi l'appui du ministère de l'Énergie et des Ressources du Québec, qui y voit des avantages sur les plans économique et forestier.

Le 18 juin 1985, lors d'une réunion de toutes ces instances, il apparaît nettement impossible d'envisager une solution de regroupement total ou partiel. Il est aussi entendu que Saucier doit faire une offre pour trois des territoires forestiers de Forex, sur lesquels se trouvent trois usines de sciage fermées. Saucier accepte d'envisager une offre dans le but avoué d'obtenir des sources d'approvisionnement supplémentaires pour son usine de Comtois.

Pour Forex, notamment pour son président, Jean-Jacques Cossette, sans doute est-il fort pénible de se voir ainsi contraint, par les institutions financières et par les politiciens impliqués dans le dossier, de se départir d'importants éléments de son actif. Les négociations seront ardues. La présidente du Groupe Saucier raconte : « Papa n'aurait pas été dur avec Jean-Jacques Cossette comme moi je l'ai été. Moi, ça ne me dérangeait pas du tout de faire ça. Je ne pense pas que papa l'aurait fait. Il serait peut-être arrivé au même résultat, mais il aurait essayé de trouver un terrain d'entente avec Jean-Jacques. »

Le jeu de la concurrence se faisait toujours dur. Comme le rappelle Georges Pagé : « Du temps de ton père, il n'y avait pas la même mentalité de rivalité entre Cossette (Forex), Perron (Normick Perron) et Saucier. »

Un financement public

Dès l'annonce des difficultés financières de Forex en 1984, la présidente du Groupe se met à la recherche de capitaux. Des dirigeants du Groupe ont rencontré un courtier en valeurs mobilières pour s'informer de la faisabilité d'un financement public par voie d'actions ordinaires de la compagnie. Étant donné la baisse d'activité économique des dernières années et la surcapacité de production, la demande stagnante de bois de charpente et la chute des prix s'étaient conjuguées pour secouer l'industrie forestière en général, dont Forex. Le Groupe Saucier n'est pas épargné non plus, comme en témoignent ses résultats d'opération, avec des pertes nettes accumulées de 3,5 millions de dollars au cours des cinq derniers exercices financiers.

Résultats d'opération
(000 $)

Années	Ventes	Bénéfice brut	Bénéfice net
1980	43 837	2 551	(2 094)
1981	46 668	5 185	(671)
1982	40 873	4 312	(1 128)
1983	36 146	4 764	297
1984	47 707	5 220	69

Une compagnie sous-capitalisée

En raison de ces résultats et des exigences des marchés financiers de l'époque, le courtier en vient à la conclusion que le Groupe ne sera pas en mesure, dans pareil contexte, de recueillir des fonds par voie d'émission publique de dette ou d'équité.

Une analyse sommaire de la situation financière du Groupe et une comparaison avec d'autres compagnies publiques œuvrant dans l'industrie forestière ont permis de constater que le Groupe était sous-capitalisé. En effet, et bien qu'il soit difficile de comparer des compagnies privées et publiques entre elles, le courtier a tout de même noté que le pourcentage d'équité dans la capitalisation du Groupe était de 25,1 % contre 35,4 % en moyenne pour les autres compagnies.

La recherche d'un nouveau financement

Il faut donc réussir à financer autrement cette acquisition. L'exercice financier se terminant le 31 août 1985 va, selon toutes probabilités, permettre de dégager un bénéfice net de plus de 223 000 $ sur des ventes excédant les 45 millions de dollars. Pour une troisième année consécutive il y aura un bénéfice net, ce qui sera un précédent sous l'administration de Guylaine.

Forte de ces résultats, attribuables en grande partie à son excellente gestion des frais d'exploitation, la présidente parvient à convaincre les autorités gouvernementales québécoises ainsi que les financiers de l'entreprise, notamment la Caisse de dépôt et la Banque Royale, de la nécessité de réaliser cette transaction.

Un double risque

Malgré son évidence, cette décision n'en a pas été moins angoissante pour l'administratrice gestionnaire. En fait, le risque financier de cette acquisition se trouvait partagé entre les six actionnaires, mais c'est la réputation de la présidente qui était en jeu. Même bien documentée par des analyses et conseillée par des experts dont elle reconnaît s'entourer sur une base informelle, Guylaine doit prendre seule toutes les décisions importantes avant de les présenter au conseil d'administration.

À propos de cette acquisition, elle confessera à un journaliste du *Devoir* en juin 1986 : « De telles décisions sont causes d'anxiété, d'angoisse même, parce qu'il n'en reste pas moins qu'ils (les dirigeants de ce secteur) n'ont aucun contrôle sur certains facteurs, dont le prix du bois. On peut toujours consulter, mais en bout de ligne, il faut décider seule, et assumer cette solitude qu'on ne peut partager. »

L'offre d'achat à Forex

Le 5 juillet 1985, le conseil d'administration du Groupe, constitué des six membres de la famille Saucier et de Jean Deschamps et Bernard Lemaire, tous deux représentants de la Caisse, autorise sa présidente à présenter une offre d'achat à Forex pour « ses usines du Nord », pour un montant maximum de 7,5 millions de dollars, offre liée à un financement acceptable aux membres du conseil. Une offre de 7 millions de dollars est présentée à Forex le 9 juillet. Celle-ci est refusée.

Un scénario différent

Le ministère de l'Énergie et des Ressources du Québec offre alors au Groupe de lui consentir un prêt de 3,5 millions de dollars sans intérêt, dont les modalités de remboursement seront conditionnelles à la rentabilité de l'entreprise. Le Groupe présente donc une nouvelle offre au montant de 10,5 millions de dollars, incluant cette fois le prêt du Ministère. Le 12 août suivant, l'offre est de nouveau refusée. Le ministère finit par trouver une solution à ce dossier en proposant un scénario forestier qui permet à Forex d'accepter la proposition du Groupe Saucier.

Un tel projet d'acquisition provoque un certain remous au sein d'un conseil où trois membres-actionnaires possédant 50 % des actions ont déjà annoncé leur intention de vendre leur participation. D'autant plus, qu'au dire de la présidente, les institutions financières peuvent difficilement concilier le fait que le Groupe fasse de nouvelles acquisitions alors que 50 % des actions du même Groupe sont à vendre.

Un nouvel actionnaire

Le 4 octobre 1985, lors d'une assemblée des administrateurs du Groupe, la présidente remet à chacun des membres du conseil une offre de financement provenant de la Caisse de dépôt. Il y est alors majoritairement résolu d'accepter cette proposition de financement à laquelle se rattache l'émission de six actions de catégorie A du capital-actions de la compagnie en faveur de l'institution prêteuse. Jean Deschamps, Bernard Lemaire, Guylaine, Céline et Pierre Saucier votent en faveur de cette résolution. Sylvie, Richard et Jean Saucier s'y opposent. En fait, les chances que l'offre soit rejetée étaient minces, la présidente détenant un vote prépondérant. L'approbation par les membres du conseil d'administration du financement provenant de la Banque Royale n'est plus qu'une simple formalité.

L'acquisition de trois usines

La Caisse de dépôt et placement du Québec devient alors actionnaire du Groupe Saucier en y acquérant six actions de catégorie A, votantes et participantes, exigeant de plus un droit de premier refus si un ou des actionnaires de la compagnie souhaitent vendre leurs actions en totalité ou en partie à des tiers. Une offre d'achat est ainsi soumise et acceptée en novembre 1985. Il en résulte que le Groupe se porte acquéreur de trois des six usines de Forex pour 10,5 millions de dollars. La transaction est financée à cent pour cent par le ministère de l'Énergie et des Ressources, la Caisse de dépôt et la Banque Royale du Canada !

Cette transaction a aussi le mérite de répondre à une préoccupation pressante du ministre délégué aux Forêts, Jean-Pierre Jolivet. En fait, une rationalisation des coupes de bois était nécessaire et urgente dans le Nord-Ouest. Il était prévu que l'approvisionnement en matière ligneuse des scieurs de la région serait substantiellement réduit.

L'objectif de l'approvisionnement

La nouvelle acquisition répond à ce besoin dans la mesure où le Groupe prévoyait démanteler deux des trois usines (Bernetz et Rapides-des-Cèdres) pour n'en faire fonctionner qu'une seule (située à Champneuf) et acheminer l'excédent de la matière ligneuse à Comtois. Le Groupe atteint son objectif : un approvisionnement adéquat à Comtois et la protection des emplois qui s'y rattachent. De plus, cette dernière acquisition ajoute près de 120 millions de p.m.p. à la production du Groupe, pour un nouveau total de 330 millions de p.m.p. Il devenait le producteur de 2″ × 4″ × 8′ le plus important du Québec.

L'émission publique remise à plus tard

L'acquisition de l'actif de Forex a soulevé dans l'esprit des journalistes la question d'une émission publique. La présidente devait s'en expliquer au journal *Finance* en octobre 1985 : « Avec le nombre de nouvelles émissions (dans le cadre des Régimes d'épargne-actions du Québec) qui surviennent cette année et les récents déboires de certaines entreprises de sciage, le marché ne serait pas à même de donner une juste valeur à nos actions. C'est la principale raison pour laquelle la compagnie n'est pas encore publique, mais nous n'écartons pas cette éventualité. »

En réalité, la présidente sait bien que, en 1985, cette forme de financement est encore inaccessible à l'entreprise, ayant plus tôt vérifié cette possibilité. L'idée d'une émission publique doit par conséquent être reportée. Il faut envisager un autre projet d'acquisition, plus important, certes, mais surtout de nature à diversifier les opérations de l'entreprise.

Le Groupe Gérard Saucier évolue dans un marché cyclique. Malgré l'acquisition de l'actif de Forex, il est encore vulnérable. Mais dans la mesure où la transaction semblait devoir assurer l'avenir de l'entreprise à long terme en procurant à la division Comtois de la matière ligneuse additionnelle, la présidente ne pouvait l'écarter.

Un changement de mentalité

C'est avec les années 1980 que va se développer, dans l'industrie du bois, une prise de conscience liée à la réserve en matière ligneuse. Guylaine Saucier a déjà résumé la question en rappelant que le problème fondamental de la survie des usines est toujours directement lié à un potentiel forestier qui diminue chaque année, au point d'exposer l'industrie du bois de sciage à une rupture de stocks. Elle a alors évoqué la possibilité que les entreprises investissent dans le renouvellement forestier, à défaut de quoi cette richesse primordiale de la région pourrait disparaître.

En 1985, à titre de présidente de l'AMBSQ (Association des manufacturiers du bois de sciage du Québec), Guylaine souligne le changement d'attitude des dirigeants d'entreprises : « Il y a eu un changement de mentalité au Québec dans les dernières années. On a soudain réalisé que les matières premières n'étaient pas éternelles. Il y a seulement une dizaine d'années, personne ne pensait comme cela. Maintenant c'est une préoccupation pour tout le monde de voir à assurer l'avenir de nos forêts. »

Un nouveau régime de la forêt

En mai 1985, le ministre délégué aux Forêts, Jean-Pierre Jolivet, affirme aux congressistes de l'AMBSQ : « Dorénavant, il faudra que tous les intervenants soient bien conscients que la forêt ne peut plus être considérée comme une réserve inépuisable, mais plutôt comme un jardin à cultiver. »

Une politique forestière est sur le point d'être rendue publique par le nouveau gouvernement du Parti québécois. Son objectif est de susciter l'émergence d'un partenariat véritable et de le soutenir, entre les divers intervenants, les compagnies de pâtes et papiers et les entreprises de bois de sciage. Le 11 juin 1985, c'est l'annonce officielle de cette nouvelle politique forestière.

Les journaux commentent ce nouveau régime de la forêt publique proposé par le ministre. Toutes les garanties d'approvisionnement en matière première ainsi que les concessions forestières seront abolies, sans compensation financière. Elles seront remplacées par des contrats d'aménagement forestier qui, tout en garantissant des approvisionnements à long terme aux utilisateurs, les rendront responsables de la remise en production des territoires où ils auront récolté le bois.

Une préoccupation pour l'avenir

Le journaliste Gérald Dallaire ajoute le commentaire suivant dans *l'Écho abitibien* en juillet 1985 : « La dernière politique forestière du Québec remontait à 1972. À l'époque, l'objectif était de redonner à l'État le contrôle de l'allocation de la matière première. Les mesures alors prises ont contribué au développement de l'industrie forestière et favorisé l'essor d'industriels forestiers québécois. L'industrie a effectivement connu une forte croissance entre 1970 et 1980 sans toutefois que se développe une préoccupation pour l'avenir. La forêt a été longtemps considérée comme une ressource inépuisable. Il s'est fait peu de travaux sylvicoles et de reboisement. Si bien qu'aujourd'hui, la récolte de bois dépasse les capacités naturelles de régénération. La nouvelle politique forestière vise donc à assurer la pérennité de la forêt et, par conséquent, celle de l'industrie forestière. »

Les libéraux au pouvoir

Cependant, la capacité de financer cette nouvelle politique et la répartition des frais entre les intervenants feront problème. À Comtois, Guylaine est préoccupée par les dangers importants qui semblent menacer l'entreprise aussi bien que l'ensemble de l'industrie.

Peu de temps après l'accession au pouvoir par les libéraux, elle prendra position encore une fois sur la politique forestière du troisième gouvernement Bourassa. En novembre 1986, on retrouve ses propos dans *L'Écho abitibien* : « Le nouveau régime forestier est voué à l'échec si le gouvernement ne réussit pas à assouplir la participation pécuniaire des scieurs au futur régime forestier. Si tous ensemble nous ne parvenons pas à établir un mécanisme de financement à la mesure de la capacité financière de l'industrie du sciage, le beau rêve du ministre Albert Côté vient de se terminer. »

Les ressources humaines, force de l'entreprise

À sa manière, la présidente est préoccupée par la qualité des relations de travail. Lors de la réunion du conseil d'administration du 11 avril 1986 figure un point majeur à l'ordre du jour, à savoir l'instauration d'un programme de participation aux bénéfices pour les cadres supérieurs et moyens de l'entreprise. Ce régime sera approuvé par les administrateurs au cours de la réunion du 7 novembre suivant. À l'assemblée précédente, celle du 11 juillet, la présidente s'est engagée également à présenter aux administrateurs un régime de participation aux bénéfices pour tous les employés.

Un journal régional a déjà en manchette: « Gestion ouverte et respect de l'employé », dans lequel Guylaine explique sa gestion en faisant ressortir les retombées bénéfiques et les gains de productivité : « Le Groupe Saucier a innové en instaurant des cercles de productivité où les employés participent eux-mêmes au contrôle de la qualité du travail accompli. Les cercles de productivité viennent permettre aux travailleurs d'exprimer leurs besoins face à leur milieu de travail.

« Embarquer les employés, c'est les associer directement aux projets de l'entreprise. C'est une stratégie qui permet d'anticiper également des gains de productivité. Et cette façon de considérer les ressources humaines est le plus sûr garant d'un meilleur climat de travail et de retombées bénéfiques sur les employés eux-mêmes, le patronat et la collectivité dans son ensemble. »

L'approche managériale

Interrogée la même année par Joëlle L. Hafsi qui prépare une étude de cas pour les étudiants des H.E.C., Guylaine devait résumer ainsi son approche « managériale » : « Si la petite entreprise a bien fonctionné avec une gestion centralisée et personnelle, désormais le complexe de sciage ou le complexe industriel des années 1980 a absolument besoin d'une gestion d'équipe où les responsabilités sont déléguées, car l'entrepreneur ne peut plus être partout à la fois. Une usine fonctionne harmonieusement et efficacement quand l'ensemble des opérations se fait avec précision, synchronisation et régularité. »

Pour ce qui est de la hiérarchie organisationnelle, sa description inclut les éléments suivants : du côté des activités spécifiques, il y a un chef de chantier, un gérant d'usine, et un ingénieur forestier qui est souvent directeur de la production. Du côté de l'administration, on trouve un directeur des finances appuyé par un directeur de la commercialisation. C'est dire, conclut-elle, que l'industriel devient en quelque sorte un leader, un animateur et un coordonnateur dont la vision du secteur industriel tout entier, comme de l'entreprise en particulier, doit être plus large et les connaissances plus approfondies.

Une fois l'organisation restructurée et des cadres compétents mis en place, Guylaine, selon ses termes repris dans *L'Écho abitibien* en avril 1984, a pu « se consacrer de plus en plus à la planification stratégique ; trouver des moyens pour protéger l'entreprise à long terme ; développer des lignes de force pour que l'entreprise devienne de moins en moins vulnérable à l'environnement extérieur ».

Un des apports les plus novateurs de l'époque est l'implantation d'un système de gestion informatisé. Pour Guylaine, telle devait être l'économie d'une entreprise gagnante : « La seule chose à faire : rationaliser, sabrer dans les dépenses, décortiquer les opérations, raffiner les techniques de contrôle et de prévision. »

Des résultats encourageants

L'exercice financier se terminant au 31 août 1986 indique des résultats encourageants : un bénéfice net de 1,8 million de dollars sur des ventes de 67,7 millions. C'est le meilleur résultat financier de l'administration de la présidente. Au cours de cette année-là, et principalement en raison de l'acquisition effectuée à l'automne 1985, la valeur de l'actif passe de 43,2 à 61,5 millions de dollars, soit une augmentation de 18,3 millions (42,3 %) par rapport à l'exercice précédent. Cependant, la dette à long terme augmente de 6,2 millions passant de 15,2 à 21,4 millions de dollars (40,9 %).

La taxe à l'exportation

Dès le début de l'exercice financier 1986-1987, le problème de la taxe à l'exportation est un événement tout à fait incontrôlable qui vient compliquer la vie des producteurs de bois en général et celle de Guylaine en particulier. Le 16 octobre 1986, le département du Commerce des États-Unis impose provisoirement un droit compensatoire (*interim duty*) de 15 % sur toutes les importations de bois mou en provenance du Canada.

Dans le contexte des négociations sur le libre-échange en cours à l'époque, cela fait dire à la présidente du Groupe Saucier : « Je ne veux pas que l'industrie du bois de sciage soit prise en otage dans les négociations entre le Canada et les États-Unis. Cette taxe nous touche dans ce qui fait la force de notre pays. Elle affecte nos richesses naturelles. »

La démonstration a pourtant été faite au gouvernement américain, en 1983, que le prix des bois en grume rendus aux usines québécoises était essentiellement le même que celui des bois en grume livrés aux usines de l'État du Maine, compte tenu des caractéristiques mêmes des essences québécoises ainsi que de leurs conditions d'exploitation. Or trois ans plus tard, le protectionnisme américain refait surface et les producteurs américains se prétendent lésés.

Les membres de l'AMBSQ, dont le Groupe Saucier fait partie, ont trouvé qu'il était dangereux de proposer aux Américains un règlement négocié. Ils croient qu'il vaut mieux laisser le processus quasi judiciaire se poursuivre jusqu'au bout, comme cela a d'ailleurs été le cas en 1983. Les Canadiens avaient alors eu gain de cause.

Le 30 décembre 1986, le gouvernement conservateur du premier ministre Brian Mulroney négocie le retrait de ce droit compensatoire en échange duquel le gouvernement canadien imposera lui-même aux producteurs de bois d'œuvre une taxe de 15 % sur toute exportation destinée aux États-Unis.

Vu la part importante de son marché outre-frontière, cette taxe arrache à la présidente du Groupe Saucier le commentaire suivant : « Personnellement, c'est la situation la plus difficile que j'aie jamais rencontrée. »

Une taxe lourde de conséquences

Cette taxe a des effets négatifs sur les résultats du Groupe au cours du premier trimestre se terminant le 30 novembre 1986. Lors de l'assemblée des administrateurs, le 27 février 1987, le rapport de la présidente fait état des résultats suivants : « Les ventes nettes consolidées pour le

1er trimestre se terminant le 30 novembre 1986 s'élèvent à 17,4 millions de dollars. Le montant total des ventes budgétées était de 22,8 millions. Les pertes au 1er trimestre ont atteint 328 000 $, comparativement à un bénéfice net budgété de 481 000 $.

« L'écart des résultats du 1er trimestre s'explique principalement par une réduction importante du volume de ventes de bois d'œuvre suite (*sic*) à un climat d'incertitude occasionné par l'imposition provisoire du droit compensatoire américain de 15 % sur les exportations de bois d'œuvre canadiennes. » L'arrêt des livraisons de copeaux chez Domtar pendant trois semaines a aussi contribué à ces résultats.

La Caisse de dépôt s'interroge

Dans le procès-verbal de cette réunion, on peut lire qu'une résolution doit être discutée au prochain conseil d'administration. Elle est proposée par Normand Provost, l'un des représentants de la Caisse de dépôt, appuyée par Richard Saucier et acceptée à la majorité.

« Avec une perte de 328 000 $ pour le 1er trimestre de l'année 1986-1987, durant une période considérée comme bonne dans l'industrie forestière, les administrateurs ont décidé de réfléchir sur la raison d'être de la compagnie à moyen et à long terme. »

Pour la première fois, du moins ouvertement, la Caisse semble, elle aussi, s'interroger sur l'avenir de l'entreprise. Celle-ci s'en est pourtant tirée avec une perte nette de 45 000 $ sur un volume de ventes de 84,5 millions de dollars pour l'exercice financier se terminant le 31 août 1987.

L'exercice financier se terminant exceptionnellement le 26 août 1988 devait quant à lui produire des pertes nettes de 190 000 $ sur un volume de ventes de 72,2 millions de dollars.

Des résultats impressionnants

Après treize ans sous l'administration de Guylaine, le chiffre d'affaires de l'entreprise enregistre une croissance annuelle composée (c.a.c.) de 12,0 %, passant de 16,5 à 72,2 millions de dollars.

Le Groupe Gérard Saucier ltée
Résultats financiers (1975-1988)

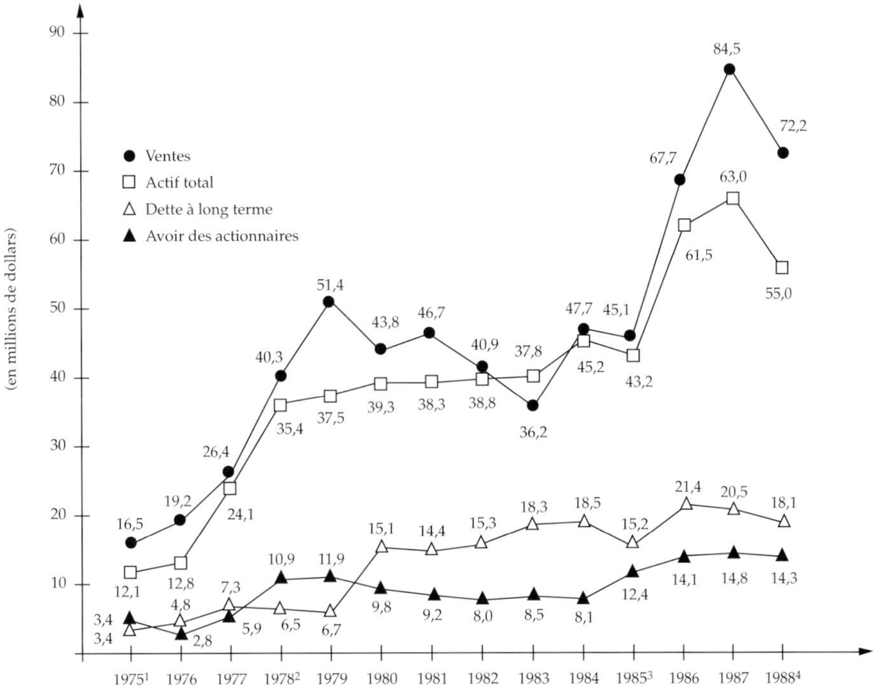

1. Les Entreprises Gérard Saucier ltée – données consolidées.
2. Le 20 mai 1978, certaines immobilisations ont été réévaluées à leur coût de remplacement. À compter de ce jour, l'actif total et l'avoir des actionnaires ont été majorés de 4,8 millions de dollars.
3. L'avoir des actionnaires a été majoré de 4,1 millions de dollars après que Domtar inc. eut accepté de convertir sa créance en actions privilégiées de la compagnie.
4. Au 26 août 1988.

Source : États financiers vérifiés – Raymond, Chabot, Martin, Paré & Associés, C.A.

L'actif total de l'entreprise passe de 12,1 à 55,0 millions (c.a.c. de 12,4 %), soit une augmentation de 42,9 millions. Quant à la dette à long terme, elle augmente de 14,7 millions de dollars, passant de 3,4 à 18,1 millions (c.a.c. de 13,7 %).

L'avoir des actionnaires, pour sa part, passe de 3,4 à 14,3 millions (c.a.c. de 11,7 %). Encore faut-il prendre note qu'au cours de l'exercice financier se terminant le 31 août 1985, l'avoir des actionnaires a été majoré de 4,1 millions de dollars après que Domtar eut accepté de convertir sa créance en actions privilégiées de la compagnie.

Les pertes nettes accumulées au cours de cette période se chiffrent à 832 000 $ sur des ventes totales de 640 millions de dollars. Ces pertes ont cependant généré des flux monétaires excédant les 31 millions de dollars, donnant encore une fois un bien meilleur aperçu de la rentabilité de l'entreprise.

Deux visions différentes

Guylaine a en quelque sorte fréquenté deux « universités » : la famille et les Hautes Études commerciales, cette prestigieuse école dont les programmes, comme devait le reconnaître en 1995 son nouveau directeur, Jean-Marie Toulouse, « étaient très bons pour former des administrateurs classiques, mais qui n'étaient pas assez axés sur les entrepreneurs ».

Guylaine définit sa façon de gérer en la rapportant à la culture et aux connaissances acquises dans ces deux milieux. De sa famille, elle a retenu les valeurs, les principes que valorisaient ses parents. Aux HEC, elle a reçu une formation que son père était très fier de pouvoir lui offrir. Elle y a appris à gérer l'entreprise de façon « professionnelle », comme on l'enseigne depuis le début du siècle : chaque aspect de l'entreprise devient une fonction que le p.-d.g est appelé à organiser. Il faut morceler, compartimenter et ensuite coordonner. C'est ce modèle bureaucratique, celui de la gestion dite professionnelle, qui a prévalu chez elle. Cela correspondait, à l'époque, à sa formation universitaire aussi bien qu'à sa personnalité.

C'est ainsi que se sont succédé à Comtois deux philosophies de gestion fort différentes, deux visions dont chacune a apporté ses propres résultats : celle d'un entrepreneur et celle d'une administratrice gestionnaire.

Pour Gérard Saucier, qui exerçait une autorité de type paternaliste et traditionnel, c'était une gestion de l'essentiel, c'est-à-dire véritablement et fondamentalement fondée sur le respect et la compréhension de l'être humain : les individus les plus importants, c'étaient d'abord les membres de sa famille, ceux qui avaient un lien de sang avec lui. Il les acceptait tels qu'ils étaient et tentait de les faire évoluer. Il choisissait de composer avec leurs forces et leurs faiblesses plutôt que de les mettre à l'écart. S'agissant de son père, Sylvie rappelle « qu'il n'était pas un homme qui divisait pour mieux régner. C'était un rassembleur. Et c'était important pour lui de voir ses enfants rassemblés. »

Le style de Guylaine était tout autre. Elle avait reçu son mandat de direction de manière officielle, sa gestion était fondée avant tout sur l'efficacité et se définissait par son caractère bureaucratique. Même si elle a essayé tant bien que mal de tenir compte de ses frères et sœurs comme actionnaires, sa conception de la gestion et du pouvoir la poussait à privilégier toujours des personnes qu'elle considérait compétentes, même si cela devait l'amener à écarter des membres de la famille.

Ainsi y a-t-il eu à ce niveau-là une opposition entre les deux styles de gestion. Jean résume à sa façon la situation : « Guylaine, elle est business, elle est pas familiale. Elle a toujours été un *one-man show*. D'ailleurs on disait pas que c'était la compagnie de la famille, c'était la compagnie de Guylaine. C'étaient des trucs pour garder le contrôle. »

De plus, les fonctions administratives de Guylaine l'éloignaient aussi peu à peu des employés. « Je disais à Guylaine de venir voir ses employés au moins une fois par mois, d'aller en forêt, comme son père le faisait… Si Guylaine avait été là, de temps à autre, ça donnait de l'importance aux gars, c'était un honneur pour eux », raconte aujourd'hui Marie-Mai Landry, sœur de Gérard.

Bien entendu, plus une entreprise prend de l'expansion, plus le nombre d'employés augmente, plus il devient difficile de conserver un style de gestion dans lequel le patron est proche de chacun de ses employés. En faisant allusion à Gérard Saucier, Maurice Leblond souligne : « C'est pas facile à remplacer, une présence. C'est pas seulement le boss pis la question d'autorité. Le type travaille, pis y est fier de contribuer. Quand les gars sont près du boss, c'est pas pareil. » Le défi c'est toujours de savoir conserver à l'entreprise une dimension humaine.

Sur le plan de la gestion financière, là aussi, il y a eu opposition entre les deux styles de gestion. « Avec Guylaine, l'entreprise a vécu une expansion et une organisation différente et est devenue beaucoup plus préoccupée de partenariat avec les institutions financières parce que cela devenait plus présent », rappelle aujourd'hui l'avocat Michel Gilbert.

Les données suivantes en témoignent : les frais de vente et d'administration totalisaient 2,3 millions de dollars au cours de la période 1966-1975, comparativement à 37,1 millions pour la période 1975-1988, soit 259 000 $ par année contre 2 856 460 $. Les frais financiers, pratiquement inexistants au cours des années 1966-1975, ont représenté la somme globale de 25,9 millions au cours des années suivantes, pour une moyenne de 1,9 million par année. Des données qui eurent de lourdes conséquences sur la rentabilité de l'entreprise.

Une entreprise publique ?

En avril 1987, dans une perspective d'expansion par la diversification, le Groupe soumet au gouvernement du Québec un dossier assorti d'une offre : il y fait part de son projet d'acquérir la participation de Rexfor et de la Société de développement industriel dans Forpan inc., un fabricant de panneaux gaufrés et agglomérés destinés à remplacer les panneaux de contreplaqué sur le marché de la construction.

Pour appuyer son offre, le soumissionnaire fait valoir le renforcement, par cette combinaison, de la capacité de faire face aux fluctuations cycliques du marché, la nécessité conjoncturelle d'accroître la taille minimale d'efficacité des usines en raison de l'introduction de droits compensatoires par les État-Unis et enfin l'attrait d'une telle entreprise « combinée » pour les investisseurs québécois.

L'acquisition de Forpan au coût de 40 millions de dollars nécessite évidemment une émission publique de dette ou d'équité. Cette acquisition pourrait permettre au Groupe de faire le grand saut chez les entreprises publiques, ce que souhaite vivement la présidente. Elle jouit dans les milieux politiques et d'affaires d'une excellente réputation. Et pour l'investisseur québécois à qui l'émission s'adresse, le nom de Guylaine Saucier représente un atout majeur. Elle s'est entourée d'une équipe de cadres supérieurs dont la compétence est reconnue dans l'industrie forestière. La présence de représentants de la Caisse de dépôt au sein du conseil d'administration, notamment celle de Bernard Lemaire de Cascades inc., est aussi fort bien perçue. De plus, la présence de la Caisse et de Domtar comme actionnaires ne peut qu'augmenter la confiance des petits investisseurs envers la compagnie. Bref, tous les ingrédients sont réunis pour réussir une première émission publique, le grand rêve de la présidente. Dernier point non négligeable : cette émission pourrait enfin régler le problème d'actionnariat de l'entreprise.

Une déception de courte durée

Les belles et savantes représentations d'« experts » invités au conseil d'administration ont confirmé le choix de la majorité des administrateurs de voter en faveur de cette acquisition de Forpan. Une offre de 40 millions de dollars est alors déposée. Mais une autre, plus élevée, déposée par un concurrent, est déjà sur la table. C'est donc un échec, une déception.

Mais de courte durée. En effet, dans une perspective plus large, avec le krach boursier d'octobre 1987 et l'effondrement du marché des panneaux gaufrés à la fin de 1987 et au début de 1988, cette acquisition aurait eu des répercussions désastreuses sur le portefeuille déjà fragile du Groupe.

Une nouvelle tentative de diversification

Une autre tentative de diversification, géographique cette fois, est faite dans l'anticipation d'Europe 1992, qui présentait un marché de 300 millions de consommateurs. En mai 1987, le Groupe soumet donc une proposition d'achat pour un des complexes de scierie et de raboterie les plus importants et les plus modernes de France. L'opération ne se concrétise pas.

Les tentatives de diversification sont à la mode, pendant les années 1980, dans tous les secteurs de l'économie. Certaines entreprises se sont même engagées jusqu'à la limite et parfois au-delà de leur champ de compétence. Ce mouvement n'a pas épargné le Groupe. Mais dans son cas, ces efforts ont échoué, au pays aussi bien qu'en France.

Un nouvel associé

Le 4 septembre 1987, après de longs pourparlers entre, d'un côté, Guylaine et son partenaire financier et, de l'autre, Sylvie, Richard et Jean Saucier, les deux parties en arrivent à la conclusion d'un accord. Trois ans après que Sylvie Saucier eut annoncé officiellement sa décision de vendre ses actions, les deux parties reconnaissent mutuellement leur « insatisfaction » et, pour la première fois dans l'histoire du Groupe Gérard Saucier ltée, un nouvel associé se joint à l'entreprise familiale.

Les actionnaires sortants se réjouissent de leur décision qui met fin à une longue lutte d'idées. « Le soir où j'ai vendu, j'étais content. Nous autres, on pensait tout perdre », raconte aujourd'hui Jean. Après être allé les rencontrer pour les féliciter, Pierre retourne auprès de Guylaine, très fatiguée par tous ces bouleversements et ces mésententes. S'il ressent une certaine satisfaction d'avoir contribué au maintien du dialogue entre les deux parties à des moments difficiles, Pierre est d'abord soulagé par le dénouement de l'affaire. Il fallait bien se rendre à l'évidence : la situation était devenue intenable pour tout le monde.

L'incendie de janvier 1988

À peine quatre mois plus tard, Guylaine Saucier est en vacances au Mexique. Pierre doit la joindre par téléphone pour lui annoncer deux nouvelles : une mauvaise et une bonne. La première, c'est qu'un incendie a complètement détruit l'usine de sciage de Comtois dans la nuit du 6 au 7 janvier 1988. La seconde, c'est qu'une nouvelle usine de sciage pourra enfin être construite, un projet envisagé depuis fort longtemps.

Une dernière grève

Février 1988 : une épreuve, plus sévère encore que celle du mois précédent, frappe l'entreprise de plein fouet. Domtar subit une nouvelle grève, ce qui représente une perte de débouchés pour les copeaux qui constituent toujours près de 30 % du chiffre d'affaires du Groupe. L'importance de ce manque à gagner ne fait qu'illustrer une fois de plus la vulnérabilité de l'entreprise. La marge de manœuvre est mince. La présidente sait que l'entreprise ne pourra pas tenir le coup très longtemps. Guylaine est très inquiète.

Pierre connaît à son tour une certaine angoisse. Il lui arrive même de regretter de ne pas avoir, lui aussi, vendu plus tôt, en même temps que ses frères et sa sœur. Mais il est trop tard, il faut continuer. La grève chez Domtar prend fin, après quelques mois. La nouvelle usine de sciage de Comtois n'est pas encore en état de fonctionner. À ce moment-là apparaissent toutefois de nouvelles perspectives de croissance.

CHAPITRE

14

La vente

Une entreprise abitibienne d'envergure

En 1988, Guylaine Saucier estime que l'entreprise familiale est enfin devenue « son » entreprise. Elle détient alors une part accrue du capital-actions. Le problème de gestion relié aux actionnaires a été résolu. Guylaine travaille dans l'entreprise depuis plus de dix-huit ans, dont treize à titre de présidente. Grâce à sa gestion, et malgré des périodes très difficiles tant sur le plan financier que dans ses relations avec ses frères et sœurs, le chiffre d'affaires est passé de 16 à 72 millions de dollars.

Plus de 1 000 employés y travaillent et l'impact économique régional est appréciable. Guylaine croit encore en la possibilité d'une expansion toujours plus grande. Pourtant, certains événements des dernières années ont réussi à refroidir ses ambitions et à toucher sa foi dans l'avenir de l'entreprise.

Comment l'éventualité d'une vente a-t-elle pu être alors envisagée ? Lorsque la présidente et son nouvel associé achètent les actions des « propriétaires sortants », en septembre 1987, tout permet de croire qu'ils le font en pensant à la possibilité de faire croître l'entreprise.

Pour l'administratrice, la vente, au moins à court terme, n'était jamais apparue comme une manière de résoudre des problèmes. Mais pour ce qui est de vendre à long terme, cela devait apparaître comme une simple possibilité à ne pas exclure, encore que cette option restait peu probable.

Lorsque Guylaine énumère les raisons qui l'ont en fin de compte amenée à prendre la décision de vendre, on devine qu'un bon nombre de frustrations se sont accumulées chez elle au cours des dernières années.

La politique

D'abord, la politique. « Lorsque nous avons fait l'acquisition de certains actifs du Groupe Forex en 1985, la rationalisation au niveau de l'approvisionnement forestier dans notre secteur était considérée comme complétée pour notre Groupe, d'après la lettre que j'avais reçue du ministre délégué aux Forêts de l'époque, Jean-Pierre Jolivet, du Parti québécois.

« Lorsque les libéraux de Robert Bourassa ont pris le pouvoir, Albert Côté, le nouveau ministre, n'a pas reconnu la lettre de son prédécesseur, si bien que les privilèges que notre Groupe devait tirer de cette transaction n'étaient plus présents. Ça a été un des éléments qui m'a bien écœurée. »

Les grèves imprévisibles

Ensuite, la vulnérabilité de l'entreprise face aux papetières, sans compter les nombreuses grèves imprévisibles, reste un facteur important dans les difficultés de gestion. « En février 1988, la grève s'est déclenchée chez Domtar. Deux jours plus tôt, je mangeais avec Roger Ashby, vice-président de Domtar, qui m'avait alors affirmé que tout était sous contrôle, qu'il n'y aurait pas de grève chez Domtar. C'est là que j'ai vu que Roger n'avait pas le contrôle de la situation. »

La difficile diversification de l'entreprise

Il y a aussi la difficulté de diversifier les activités de l'entreprise. « Nous nous étions vraiment étirés le cou dans le dossier de Forpan et on ne l'a pas eu ! Qu'est-ce qu'il faudrait faire à l'avenir pour diversifier notre entreprise ? Se trouver un partenaire ? Une papetière qui tôt ou tard allait nous manger tout rond de toute façon ? »

Si la présidente était parvenue à faire l'acquisition de Forpan, financée par une éventuelle émission d'actions publiques qui eût permis de faire d'autres acquisitions et de doubler ou même de tripler le chiffre d'affaires de son entreprise, il est plausible de croire qu'elle aurait eu le goût de continuer. Comme cela n'a pas pu se réaliser, c'est assez pour croire que le temps était peut-être venu de tirer sa révérence.

Une récession en vue

Il y avait aussi la menace d'une récession qui serait plus sévère et plus longue que prévu. Le doute commençait à s'installer dans l'esprit de la présidente, l'inquiétude grandissait. La gestion devenait de plus en plus difficile et les risques étaient nombreux.

La grève de février 1988 chez Domtar aura été un élément déclencheur certain. Guylaine a fait tout ce qu'elle a pu pour dissimuler son insécurité auprès de ses directeurs, toujours inquiets. Pour la première fois, l'idée de vendre lui est apparue comme une solution possible.

Les acheteurs

En 1988, les acheteurs potentiels n'abondent pas. Aucun concurrent immédiat n'est alors en position financière d'acheter l'entreprise. À l'époque, tout le monde le dit, « l'argent n'est pas dans le sciage, il est dans le papier » ! Seule une papetière pourrait être intéressée, voyant là une bonne occasion d'acquérir l'un des plus importants producteurs de copeaux du Québec. Domtar, à quelque dix milles de Comtois, a toujours espéré, c'est bien connu, mettre la main à bon compte sur le Groupe Saucier. Il y a aussi Donohue à Amos. Cette compagnie vient de s'installer dans la région abitibienne, il y a à peine quelques années. Elle pense ajouter une deuxième ligne de production à son usine de papier journal.

En avril 1988, la présidente reçoit un appel de Charles-Albert Poissant, président de Donohue. La papetière se dit intéressée à acheter. Ses représentants viennent donc discrètement visiter les lieux. Ils ne veulent surtout pas attirer l'attention de leur concurrent Domtar. Comme le raconte Georges Pagé, alors directeur des opérations à Comtois : « Ça s'est fait tellement secrètement que la compagnie Donohue n'a pas eu le temps de vérifier ce qu'elle achetait. »

Une courte négociation

Quatre mois plus tard, le 29 août 1988, les actionnaires du Groupe Gérard Saucier ltée se rendent à Québec pour y négocier la vente de l'entreprise avec les mandataires de Donohue. Ayant eu vent de la situation, les représentants de Domtar, surpris par les événements et visiblement peu préparés pour la négociation, viennent les rencontrer à Québec pour entamer eux aussi des négociations.

Les actionnaires entrent en pourparlers tantôt avec un groupe, tantôt avec l'autre. C'est au beau milieu de la nuit, le 30 août 1988, vers trois heures du matin, qu'ils aboutissent à une entente. Les enchères ont commencé à près de 15 millions de dollars avec Domtar, pour se terminer quelque dix-huit heures plus tard, avec Donohue, à 28 millions, choix final des actionnaires.

Le lendemain matin, lorsque les délégués de Domtar reviennent à la charge avec une nouvelle offre de 30 millions, il est trop tard. Tout est fini, l'entente est déjà conclue. Les actionnaires sont heureux des résultats obtenus, ils en sont même très fiers. C'était, dans les circonstances, une belle négociation. En dépit de nombreuses difficultés, la gestion de Guylaine avait fait profiter le capital.

Pour une entreprise dont la valeur marchande est évaluée entre 13,8 millions et 18,1 millions en 1983 et qui depuis a généré un bénéfice net de 2 millions sur des ventes totales de 244,9 millions, il faut reconnaître que la négociation s'est bien déroulée. En fait, ce qui intéressait la papetière, c'était, comme toujours, la matière ligneuse octroyée au Groupe Saucier. Toujours l'approvisionnement, comme en 1963, l'année où la concession octroyée à Gérard va être à l'origine de sa grande carrière d'entrepreneur.

Cette journée de la vente est riche en émotions : c'est la première fois qu'une entreprise familiale québécoise œuvrant dans le domaine forestier et de si grande importance est vendue à un géant du papier.

Une entreprise familiale ?

Pour Guylaine, cette opération représente un grand soulagement. Elle aurait déclaré après la vente : « Le plus grand bienfait de tout ça, c'est que je ne me sens plus responsable de ma famille. »

Cette réflexion ne correspond pas à la perception des actionnaires-héritiers. Ils considéraient de leur côté que depuis longtemps l'entreprise n'était plus une entreprise familiale, puisque « l'esprit de famille » n'existait plus au sein du Groupe.

Les problèmes de communication entre les membres d'une famille qui gèrent en commun une entreprise sont toujours d'une grande complexité. Il y a un lien étroit entre le maintien du caractère familial d'une entreprise et le genre de leadership qui en guide les destinées. La complication est d'autant plus grande que la diversité des perceptions brouille les pistes et multiplie les difficultés. Et dans la vie d'une entreprise, les niveaux d'intervention sont tels que la gestion humaine reste la plus difficile. Et les luttes de pouvoir ont souvent raison de tout.

Toujours l'approvisionnement

Au cours de son mandat de présidente, Guylaine aura été appelée à relever d'énormes défis. Le plus difficile tenait à l'impossibilité de remplacer Gérard Saucier, ce que les jeunes héritiers et actionnaires ne pouvaient vraiment saisir. Dans ce domaine, on succède : on ne remplace pas. On marche sur les traces de quelqu'un de façon bien approximative, entre autres parce que le contexte n'est plus le même.

Le style de leadership de Guylaine et ses choix de gestionnaire furent contestés à maintes reprises. Les différents affrontements, démêlés et malentendus avec les membres du conseil d'administration ont exercé sur elle des pressions d'autant plus fortes qu'elles étaient liées à la famille.

Certes, il y eut des erreurs de parcours ; mais ce qui comptait pour elle, c'était la réussite financière. C'est à ce niveau qu'elle évaluait son propre succès aussi bien que sa responsabilité envers les employés et les actionnaires qui l'appuyaient.

Elle aura réussi, malgré tout, à gérer jusqu'à la vente une entreprise qui, bon an mal an, se révélait peu rentable. Toujours est-il que le Groupe Gérard Saucier ltée fait maintenant partie des 70 % des entreprises familiales qui ne survivent pas à une première succession ; il compte parmi les 90 % qui n'atteignent pas la troisième génération.

Épilogue : À mon père

Je pense à cette forêt où tu m'emmenais quand j'étais enfant. Tu marchais devant moi. Tu t'arrêtais près d'une talle d'épinettes, silencieux, songeur. Et tu repartais, sans dire un mot.

Ce fut plus tard ton entreprise. À quinze ans, je me disais que je suivrais un jour ta trace. Déjà je me voyais à tes côtés. Cette entreprise devenait, au fil des jours, toute ma vie. Tout ce que je faisais était en fonction de ce rêve. Sans en parler véritablement. Tu le savais, je le savais…

Puis, l'avion allait me rapprocher de toi. Tu ne parlais toujours pas, mais ta présence me suffisait. Je me sentais si heureux de voler à tes côtés. Je n'oublierai jamais cette soirée du 27 juillet 1970 où tu me donnais la permission de décoller en solo au lac Quévillon avec ton beau Cessna 180 tout neuf, CF-AEQ…

Faire confiance, comme tu savais le faire ! Une richesse intérieure que je tente à mon tour d'inculquer à mes enfants.

Reçois toute ma gratitude pour l'héritage que tu m'as laissé, notamment ce merveilleux monde de l'aviation qui t'a emporté et où j'ai le sentiment de te rejoindre encore aujourd'hui.

Retracer ton histoire, chercher l'empreinte de tes pas, cela m'a passionné. Mais ce qu'il m'aura fallu de conviction et d'acharnement pour arriver au bout de mon livre !

Le souvenir de ta ténacité à toute épreuve m'a soutenu. J'étais animé du désir de mieux comprendre ton itinéraire pour le faire connaître : celui d'un authentique bâtisseur de notre Abitibi, cette région à laquelle je demeure profondément attaché.

Repères bibliographiques

Références administratives

Répertoire des municipalités du Québec, Les publications du Québec, Québec, 1991.

Bottin administratif du Québec, Office d'information et de publicité du Québec, 1965.

Annuaire du Québec : 1964-1965 ; 1966-1967 ; 1968-1969 ; 1970 ; 1971, Gouvernement du Québec, ministère de l'Industrie et du Commerce, Bureau de la statistique, Centre d'information statistique, Québec.

Discours du budget prononcé à l'Assemblée législative de Québec par le premier ministre Jean Lesage, le 8 avril 1965.

Références historiques et générales

Albert, Thomas. *Histoire du Madawaska.* Nouvelle édition par A. et B. Bérubé et F. Desjardins. La Société historique du Madawaska, HMH, 1982, 604 pages.

Blanchard, Raoul. *Le Canada français, Province de Québec, étude géographique.* Fayard, 1960, 314 pages.

Blanchard, Raoul. *Le Canada français.* Que sais-je ? n° 1098, 2e édition, PUF, 1966.

Boileau, G. et M. Dumont, M. *L'Abitibi-Témiscamingue.* Éditeur officiel du Québec, 1979, 237 pages.

Buies, Arthur. *L'Outaouais supérieur.* Québec, 1889.

Caron, Ivanhoë. *La colonisation de la province de Québec, début du régime anglais.* L'Action sociale ltée, Québec, 1923, 339 pages.

Cornel, Hamelin, Ouellet, Trudel. *Canada, unité et diversité.* HRW, 1968, 578 pages.

Courtney, C. et J. Bond. *Le pays de l'Outaouais.* Imprimeur de la Reine, Ottawa, 1968, 214 pages.

Deffontaines, Pierre. *L'homme et l'hiver au Canada.* Gallimard et PUL, 1957, 293 pages.

Duguay, J., N. Grimard, J. Dugas, Y. Bouchard et C. Alarie. *Nos figures dominantes de l'Ouest québécois,* 1964, 288 pages.

Fortin, Gérard. *La fin d'un règne.* Hurtubise, HMH, Montréal, 1971, 397 pages.

Fréchette *et al. Contes et récits canadiens d'autrefois.* Présentés par Guy Boulizon. Éditions Beauchemin, Montréal, 1961, 185 pages.

Frégault, G. et M. Trudel. *Histoire du Canada par les textes,* tome 1 (1534-1854). Fides, Ottawa, 1963, 262 pages.

Gravel, Jean-Yves. *Le Québec et la guerre.* Boréal Express, Montréal, 1979, 176 pages.

Hamelin, J. et J. Provencher. *Brève histoire du Québec.* Boréal Express, Montréal, 1981, 173 pages.

Hémon, Louis. *Maria Chapdelaine*. Fides, 1916.

Hugron, P. *L'entreprise familiale – Modèle de réussite du processus successoral*. L'Institut de recherches politiques et les Presses HEC, 1991, 155 pages.

Lacoursière, J., J. Provencher et D. Vaugeois. *Canada-Québec – Synthèse historique*. Éditions du Renouveau pédagogique, Montréal, 1970, 619 pages.

Lafleur, Normand. *La vie quotidienne des premiers colons en Abitibi-Témiscamingue*. Leméac, Montréal, 1976, 197 pages.

Lapierre, Laurent *et al*. *Imaginaire et Leadership*. Éditions Québec/Amérique, Collection des Presses des HEC, 1992, 504 pages.

Laurendeau, André. *La crise de la conscription 1942*. Les éditions du Jour, Montréal, 1962, 158 pages.

Linteau, Paul-André, René Durocher et Jean-Claude Robert. *L'histoire du Québec contemporain*. Boréal Express, Montréal, 1979, 664 pages.

(Groupe d'auteurs) *Histoire du Canada – Une expérience tricentenaire*. Les éditions de Sainte-Marie, Yamaska, 1967.

MacKay, Donald. *The Lumberjacks*. McGraw-Hill/Ryerson, 1978, 319 pages.

Michaud, M. *Les Acadiens des provinces maritimes*. Guide historique et touristique, 1968, 165 pages.

Mordal, Jacques. *Les Canadiens à Dieppe*. Presses de la Cité, 1962.

Panneton, Philippe (Ringuet). *Trente Arpents*. Fides, 1938.

Piché, Marcel. « Notre problème forestier », dans *Cité libre*, XIVe année, n° 55, mars 1963.

Rigny, André-Jean. « Leadership et motivation : le mouvement vers "l'attitude contractuelle" face au travail est-il irréversible ? » dans *Crise et leadership, les organisations en mutation*. Les Éditions du Boréal Express, Montréal, 1983, 326 pages.

Robidoux, Léon-A. *Les « Cageux »*. Éd. de L'Aurore, Montréal, 1974, 91 p.

Soucy, Robert. *Récits de forestiers,* – propos recueillis, transcription par Marcelle Villeneuve, 241 pages, Centre documentaire en civilisation traditionnelle, Université du Québec à Trois-Rivières, Les archives d'ethnologie 1, Les Presses de l'Université du Québec, 1976.

Tardif, G. *La petite histoire de Val-d'Or*, 1935-1985, 1989, 211 pages.

Trudelle, Pierre. *L'Abitibi d'autrefois, d'hier et d'aujourd'hui,* 2e édition, 1989, 394 pages.

Monographies

Gourd, Benoît-Beaudry (sous la direction de). *L'Abitibi-Témiscamingue – Contrastes*, Co-édition, Rouyn-Noranda, 1992.

Gourd, Benoît-Beaudry et collaborateurs. « Itinéraire toponymique de l'Abitibi-Témiscamingue », *Études et Recherches toponymiques*, 8, Gouvernement du Québec, Commission de toponymie, 1984, 102 pages.

Lamy, Pierre, *L'industrie du sciage au Québec 1960-1980 : Potentiel de coopération industrielle,* HEC, Centre d'études en administration internationale, 1981, 76 pages.

Le Groupe Gérard Saucier limitée, étude de cas, HEC, Montréal, 1986.

Programme de développement de l'entreprise de sciage (Les produits forestiers Saucier), Blais, McNeil, Lussier, Tremblay & Associés, mars 1979.

L'histoire de la famille d'Agnès Caouette et de Péa Saucier, racontée par Médard Saucier et recueillie par Jocelyne Saucier (Cléricy 1987). Document de famille non enregistré, Archives nationales, Bureau régional, Abitibi-Témiscamingue, octobre 1987, 52 pages.

Marshall, Susan, *Light on the Water (A Pictorial History of the People of Waswanipi)*, The Waswanipi Band (in association with The Cree Regional Authority), 1987, 140 pages.

Journaux

Journal *Finance*, 21 octobre 1985.

L'Écho abitibien, 14 juin 1978, 25 avril 1984, 7 novembre 1986, 18 novembre 1986.

Le Devoir, 9 juin 1986.

Références linguistiques

Barbeau, Victor. *Le français du Canada*. Les publications de l'Académie canadienne-française. Montréal, 1963, 252 pages.

Sicard, Thérèse. *Vocabulaire de la mécanisation forestière*, Les Cahiers de l'Office de la langue française, 1992, 131 pages.

Le Dictionnaire du français Plus, CEC, Montréal, 1988, 1856 pages.

Le Dictionnaire québécois d'aujourd'hui, Dicorobert, Montréal, 1992, 1269 pages.

Procès-verbaux d'assemblée des administrateurs et des actionnaires du Groupe GSL ou de Les Produits forestiers Saucier ltée et Rapports de la Présidente en date de :

1984, 19 janvier, 12 avril, 22 octobre ;

1985, 25 janvier, 12 avril, 3 juillet, 22 août, 4 octobre ;

1986, 10 janvier, 11 avril, 11 juillet, 7 novembre, 30 novembre ;

1987, 27 février, 25 août, 2 septembre, 30 novembre ;

1988, 2 mars.

Dans la lignée de nos ancêtres

Gérard : 10ᵉ génération de Saucier depuis Charles Saucier, marié à l'église de Saint-Eustache à Paris en 16___

	Date et endroit du mariage	*Marié à*
Charles Saucier	16___ Saint-Eustache, Paris	Charlotte Clairet
Louis	12 janvier 1671 Québec	Marguerite Gaillard
Charles	6 octobre 1697	Anne Bisson
Charles-François	8 juin 1722 Sainte-Anne-de-la-Pocatière (Québec)	Rosalie Bouchard
Henry	5 juillet 1784 Sainte-Anne-de-la-Pocatière (Québec)	Charlotte Migné-Lagacé

	Date et endroit du mariage	*Marié à*
Germain	24 janvier 1809 Saint-Basile, Madawaska (Nouveau-Brunswick)	Suzanne Martin
Germain	29 octobre 1838 Saint-Basile, Madawaska (Nouveau-Brunswick)	Adélaïde Ouellet
Joseph	11 octobre 1892 Saint-Hilaire (Nouveau-Brunswick)	Édith Daigle
Péa	12 mai 1914 Lac-Baker (Nouveau-Brunswick)	Agnès Caouette
Gérard	5 septembre 1945 Parent (Québec)	Yvette Thiffault

Louis Saucier, notre premier ancêtre au pays, était originaire de la paroisse de Saint-Eustache à Paris. Il quitta la ville de Paris pour la Nouvelle-France en 1665 et s'établit tout près de Québec.

Le 12 janvier 1671, il épousait, à Québec, Marguerite Gaillard. Les époux avaient passé un contrat de mariage le 27 novembre 1670 devant le notaire Duquet.

Selon l'arbre généalogique établi par l'institut Drouin, les descendants de Louis Saucier se sont multipliés principalement dans les régions de Québec, Kamouraska, Sainte-Anne-de-la-Pocatière, Rimouski, Matane, Louiseville, Maskinongé et Montréal. À ceci, il faudrait ajouter maintenant la région de l'Abitibi.

Fondation de l'Université du Québec en Abitibi-Témiscamingue

Fondation de l'Université du Québec en Abitibi-Témiscamingue

Le Fonds de recherche Gérard-Saucier

Conscients des besoins de formation et de recherche dans les domaines de la foresterie et de la gestion de l'entreprise familiale, les membres de la famille Gérard Saucier se sont associés à l'Université du Québec en Abitibi-Témiscamingue et à sa Fondation pour créer le Fonds de recherche Gérard-Saucier.

Le capital du Fonds sera conservé à perpétuité et seuls les intérêts serviront au financement des projets. L'usufruit sera utilisé à des fins d'enseignement, de recherche, de publication, de diffusion et d'organisation de congrès dans les domaines de la foresterie et de la gestion des entreprises familiales.

Les personnes et entreprises désireuses de contribuer au Fonds de recherche Gérard-Saucier peuvent faire parvenir leur contribution à :

La Fondation de l'Université du Québec
en Abitibi-Témiscamingue inc.
445, boulevard de l'Université
Rouyn-Noranda (Québec) J9X 5E4
Téléphone : (819) 762-0971
Télécopieur : (819) 797-4727
Internet : http://www.uqat.uquebec.ca/

Les profits provenant de la vente de cet ouvrage seront versés intégralement au Fonds de recherche Gérard-Saucier.

MARQUIS
Achevé d'imprimer
en octobre 1996
sur les presses de l'Imprimerie d'édition Marquis
Montmagny (Québec)